JN046901

シリーズ
〈水辺に暮らす SDGs〉

1
水辺を知る
―― 湿地と地球・地域 ――

日本湿地学会 [監修]

高田雅之・朝岡幸彦 [編集代表]

新井雄喜・石山雄貴・佐々木美貴 [編集]
鈴木詩衣菜・田開寛太郎

朝倉書店

【カバー表】
ウトナイ湖（撮影：大畑孝二）

【カバー裏】上から順に
・松山湿原（撮影：山田浩之）
・湧水湿地のシデコブシ（撮影：富田啓介）
・ミャンマー・カチン州（撮影：鈴木詩衣菜）
・柏原東湿原（撮影：山田浩之）
・豊岡市日高町での湿地づくり（撮影：田開寛太郎）
・バルト海（撮影：鈴木詩衣菜）

巻　頭　言

　このたび日本湿地学会監修の第2弾の企画として,『図説 日本の湿地』(2017)に続き, シリーズ〈水辺に暮らすSDGs〉全3巻を発行いたします. これは日本湿地学会 (以下, 湿地学会) の社会貢献活動の一環として, 日頃の湿地の基礎研究, 保全と活用に関わる研究や活動の成果を踏まえて, SDGsとの関わりの中で湿地保全の新たな方向性を提起するとともに, 実務の手引 (ハンドブック) とするものです. 本シリーズの第1巻『水辺を知る─湿地と地球・地域─』では湿地保全に関するSDGs, ラムサール条約, 生物多様性条約などの関係がわかります. 第2巻『水辺を活かす─人のための湿地の活用─』と第3巻『水辺を守る─湿地の保全管理と再生─』ではそれぞれ湿地の活用と保全に関するトレンディな事例を紹介しています.

　ここで扱う湿地は, 湿原, 水田, 河川・湖沼, そして汽水域や浅海域までの非常に多様な水辺環境を含んでいます. 湿地学会はそのような湿地を保全・再生し, 賢く持続的に活用し, そのための研究やそれを担う人々の育成をするというコンセプトを共有しながら, 様々な形で湿地に関わっている人の集団です.

　湿地は既刊『図説 日本の湿地』にあるように私たちの暮らしに様々な恵みをもたらすと同時に, 最も脆弱な生態系の一つです. 湿地の開発は水文環境の改変を伴うので, 一度壊すとなかなか元の状態には戻りません. 特に寒冷地の泥炭地湿原は, 数百年から数千年もかかって形成されています. このような湿地は, 世界の多くの地域でごく最近の開発により絶滅してしまいました. 私は, 何か大切なものを私たちがその価値に気づかないまま失ってしまったのではないか, という不安に苛まれます.

　湿地学会が発行している雑誌「湿地研究」は人文・社会科学分野の研究と自然科学分野の研究成果が基礎研究と応用研究を含めて掲載されています. これは, 湿地保全やワイズユース (賢明な利用), 研究・教育活動を進めるためには両分野の協働が必要不可欠であるという, 湿地学会の辻井達一初代会長を筆頭にした学会創始者の皆さんが考案した設立趣旨に基づいているためです. 本シリーズではこのような研究成果に基づいて新しい観点が体系的に示されています.

　湿地学会には学会から補助を受けて研究活動を行う部会制度があり，部会は異分野の協働を模索するには絶好の場です．私も参加している北海道湿地コンソーシアムは，そのような部会の一つで，湿地の分野横断的研究と，湿地の保全再生，持続的利用，CEPA 活動（生物多様性を身近に感じてもらうための広報・教育・普及啓発）に関わる協働の取り組みを推進することが目的です．

　コンソーシアムは，2020 年，これまでほとんど注目されなかった石狩湿原など北海道の湿地保全を主流に転換（スイッチ）するフォーラム（北海道湿地フォーラム〜シッチスイッチ〜）を実施しました．日本最大の湿原であった石狩湿原は，明治以降の開拓により減少し，1970 年代の大規模農地開発事業により0.1％以下にまでなり，ほぼ絶滅しました．農地開発は大変有意義なことですが，湿地の重要部分を残しながら開発することもできたはずです．残念でしかたありません．フォーラムでは湿原の保全に対して高いモチベーションが共有できる有意義なものとなり，シッチスイッチ宣言を採択し終了しました．現在 6 カ所ある石狩川遊水地の湿地再生や石狩川の蛇行跡のグリーンインフラ計画を見据えていこうという新しい動きも少しずつですが見えてきました．これらのことや OECM（民間の取り組みなどと連携した自然環境保全）に湿生生物が生活する残存湿地を取り込めれば，石狩湿原の再生は夢物語ではないと期待しています．

　アメリカ合衆国では，湿地に対するノー・ネット・ロス（純損失なし）政策は 1980 年代後半に承認され，湿地の回復・修復や，湿地を壊したらそれと同じ大きさの湿地を新たに創出する代償ミティゲーション方策が導入されました．そして連邦政府は数千 ha の自然湿地と同等の機能を持つ湿地の建設を公布しました．日本でもこのような方策がとれないものでしょうか．

　このような出版の機会をいただいた朝倉書店編集部，ご協力いただいた著者の皆さま，本シリーズ編集を担当された当会理事の高田雅之氏，朝岡幸彦氏をはじめとする各巻編集を担当された新進気鋭の若手研究者の皆さま，そしてご協力をいただいた方々には，心より感謝申し上げます．最後になりますが，ロシアのウクライナ侵攻が終息して平和な世界になり，人々が協力して SDGs に専念できることを祈ります．

　2023 年 3 月

日本湿地学会会長　矢 部 和 夫

【監修】

日本湿地学会

【編集代表】

高田雅之　法政大学

朝岡幸彦　東京農工大学

【編集委員】 (五十音順. ［ ］は編集担当章)

新井雄喜　松山大学［第3章］

石山雄貴　鳥取大学［第4章］

佐々木美貴　日本国際湿地保全連合［第2章］

鈴木詩衣菜　聖学院大学［第1章］

田開寛太郎　松本大学［第4章］

【執筆者】 (五十音順)

愛原拓郎　豊岡市

朝岡幸彦　東京農工大学

浅野剛史　日本工営株式会社

新井雄喜　松山大学

飯田　肇　富山県立山カルデラ砂防博物館

石井裕一　東京都環境科学研究所

石山雄貴　鳥取大学

稲葉光國　元 民間稲作研究所

上山剛司　鶴岡市自然学習交流館ほとりあ

江島美央　鹿島市

大熊　孝　新潟大学名誉教授

大畑孝二　日本野鳥の会

加藤大輝　東邦大学大学院理学研究科博士課程

環境省自然環境局野生生物課

菊地義勝　前 釧路国際ウェットランドセンター

小林聡史　釧路公立大学名誉教授

小林博隆　新潟市

近藤順子　京都大学大学院地球環境学舎博士後期課程

斎藤一治　民間稲作研究所

桜井　良　立命館大学

笹川孝一　法政大学名誉教授

佐々木美貴　日本国際湿地保全連合

島 谷 幸 宏　　熊本県立大学

鈴 木 詩衣菜　　聖学院大学

高 田 雅 之　　法政大学

高 橋 直 樹　　大崎市

竹 下 将 明　　荒尾市

田 開 寛太郎　　松本大学

寺 村　 淳　　第一工科大学

中 島 妙 見　　東よか干潟ビジターセンター
　　　　　　　　ひがさす

灘 岡 和 夫　　東京工業大学名誉教授

名 執 芳 博　　日本国際湿地保全連合

西 廣　 淳　　国立環境研究所気候変動適応
　　　　　　　　センター

新 田 将 之　　東洋大学

長谷川 基 裕　　国際協力機構（JICA）

古 田 尚 也　　大正大学

村 松 康 彦　　株式会社建設技研
　　　　　　　　インターナショナル

矢 部 和 夫　　札幌市立大学名誉教授

矢 部　 徹　　国立環境研究所生物多様性
　　　　　　　　領域

渡 辺 豊 博　　ジャンボ渡辺まち
　　　　　　　　コンサルティング

（所属は 2023 年 3 月現在）

目　　次

本書をさらに深く学ぶため，図表，写真をデジタル付録として用
意しております(本文中では〈e〉図 1.1 等と表示)．朝倉書店ウェ
ブサイトへアクセスしご覧ください．右の QR コードからもアク
セスできます．なお，具体的な動作環境等はデジタル付録内の注
意事項にてご確認ください．

序章

水辺を知るために

1 なぜ SDGs なのか

「SDGs（エスディージーズ）」という言葉が，世間に氾濫している．政府やマスコミにとどまらず，多くの企業が看板に掲げ始めているのである．なぜ，産業界までもがこれを謳わなければならないのか．それは，もはや「持続可能な開発目標（SDGs）」[1] の実現なしには，人類社会の存続も，経済活動も「不可能」であることが，誰の目にも明らかになってきたからである．あとは時間との競争であり，とりわけ気候変動に代表される地球環境問題の解決が「間に合うか」,「間に合わないか」なのである．

持続可能な開発目標（SDGs）は，17 の目標（ゴール）の中に 169 の個別目標（ターゲット）が設定されている．これをウェディングケーキ・モデル（図 1)[2] と呼ばれる区分に従って類別すると，それぞれの目標の位置づけと特徴が明らかになる（以下にユネスコのロゴの文言で表記する）．

〈環境（生物）圏に関わる目標〉＝第一層

安全な水とトイレを世界中に（目標 6），気候変動に具体的な対策を（目標 13），海の豊かさを守ろう（目標 14），陸の豊かさも守ろう（目標 15）

〈社会圏に関わる目標〉＝第二層

貧困をなくそう（目標 1），飢餓をゼロに（目標 2），すべての人に健康と福祉を（目標 3），質の高い教育をみんなに（目標 4），ジェンダー平等を実現しよう（目標 5），エネルギーをみんなにそしてクリーンに（目標 7），住み続けられるまちづくりを（目標 11），平和と公正をすべての人に（目標 16）

〈経済圏に関わる目標〉＝第三層

働きがいも経済成長も（目標 8），産業と技術革新の基盤をつくろう（目標 9），人や国の不平等をなくそう（目標 10），つくる責任つかう責任（目標 12）

〈パートナーシップに関わる目標〉＝第四層

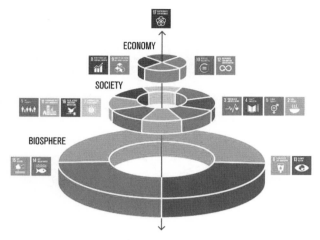

図1　ウェディングケーキ・モデル（Stockholm Resilience Centre（SRC）（https://www.stockholmresilience.org/research/research-news/2016-06-21-looking-back-at-2016-eat-stockholm-food-forum.html））
スウェーデンのレジリエンス研究所ヨハン・ロックストローム所長が考案したモデル.

パートナーシップで目標を達成しよう（目標17）

　このウェディングケーキ・モデルでは，第一層を基盤に次第に積み上がっていく目標の特質がよくわかるとともに，まず喫緊の課題として〈環境（生物）圏に関わる目標〉を達成しなければ他の目標群の実現も困難になることが直感的に理解できる．これとは別に，国際連合広報センターは「SDGsのもうひとつの捉え方―5つのP」を提唱している（図2）[3]．これは，17の目標を「地球（planet）」，「人間（people）」，「豊かさ（prosperity）」，「平和（peace）」，「パートナーシップ（partnership）」の5つに紐付けするものである.

2　SDGs実現の鍵を握る「水辺」

　本書（第1巻）では主に〈社会圏に関わる目標〉との関連で，「水辺」の意味を考える．湿地と海洋の保護・保全に関わるだけでなく，「水辺」という概念に関わるゴールには目標6「安全な水とトイレを世界中に」がある．この目標6は〈環境（生物）圏に関わる目標〉に区分されているものの，「貧困をなくそう」（目標1）や「住み続けられるまちづくりを」（目標11），「すべての人に健

図 2 SDGs 5 つの P（国際連合広報センター編：SDGs を広めたい・教えたい方のための「虎の巻」(https://www.unic.or.jp/files/UNDPI_SDG_0707.pptx)）

康と福祉を」（目標 3）と不可分の問題である．世界では 26 億人（5 人に 2 人）が衛生的なトイレを使えず，9 億 5000 万人近くが日常的に屋外で排泄している[4]．屋外での排泄のリスクは，「ジェンダー平等を実現しよう」（目標 5）としても意識されなければならない．

たしかに地球の表面には 13 億 8600 万 km^3 もの大量の水が存在しているが，そのうちの淡水は 2.5%（3503 万 km^3）を占めるにすぎない．こうした状況の中で世界平均の年間 1700 m^3 より少ない水資源しか得られない「水ストレスの下に置かれている人」が約 7 億人おり[5]，「水不足状況」（1000 m^3 未満）や「絶対的な水不足状態」（500 m^3 未満）の人も多い[6]．

さらに「水辺」は，「飢餓をゼロに」（目標 2）や「エネルギーをみんなにそしてクリーンに」（目標 7）とも深く関わらざるを得ない．一般的に，雨が多い日本は水が豊かで，上下水道の整備も進み，断水はほとんどないため，水資源が将来にわたって安泰であると考えられやすいが，必ずしもそうとはいえない[6]．水の需給に関する切迫の程度（水ストレス）を「人口一人当たりの最大利用可能水資源量」ではなく，「年利用量／河川水等の潜在的年利用可能量」で計算すると，〈試算 1〉年利用量を 870.34（億 m^3／年）とした場合で 0.254 →「河川水等の量に対する使用量の割合が比較的高い地域で将来水不足の状態に入る可能

性が高い」，〈試算2〉年利用量を発電用水取水量を含む年間淡水取水量の
3340.45（億 m^3/年）とした場合で0.976（≒1）→「高い水ストレス下にある状
態」となるとされている．日本人の平均的なウォーターフットプリント（WF，
輸出物資を生産するために実際に消費された水の量）は1年間で約2200Lであ
り，世界平均の1243Lを大きく上回っている．

3　SDGs から「水辺」を学ぶために

　私たちが生きる，この地球という星は「水」の惑星ともいわれている．これ
は惑星の表面を水が覆っているからだけでなく，むしろ地球内部のマントルに
平均して0.1重量％（マントル全体で海水の数倍の量）という大量の水が蓄え
られていると考えられているからである[7]．つまり，海水をはじめとした地表
の水は海→大気→降雨→河川→海という地表面における水循環だけでなく，マ
ントル→海→マントルというより大きな水循環によって支えられているのであ
る．そして，この地球内部との水循環によって引き起こされるのがプレートテ
クトニクスであり，これは他の惑星や衛星では観測されない地球だけの現象と
考えられている．月を含む他の星々にも多くの「水」が存在しており，その意
味では「水」の惑星・衛星であるにもかかわらず地球だけに地表と地球内部の
水循環があるらしい，その理由を科学は解明しようとしている．

　私たちは目にすることのできる地表の「水」にだけ注目しがちであるが，湿
地や海洋という地表の「水」は地球という惑星の成り立ちや本質に深く根ざし
たものである．さらに，湿地や海洋と人との関わりは，「水辺」との関わりを包
み込むより多くの文明・文化的な背景をもっている．本シリーズは，「水辺に暮
らす」という視点から，この「水辺」との関わりのあるべき姿を模索し，提示
しようとするものである．

　さて，私たちはこのSDGsをどのように受け止め，理解し，実践すればよい
のであろうか．まずは，市民とともにSDGsの各目標の背景にある世界の「現
実」について，できるだけ深く学ぶことである．SDGsが示す世界（地球）の
「現実」には，ある意味において答えがない．「未来の世代」の代表である子ど
もや若者とともに，私たち一人ひとりが「現実」を受け止め，答えを模索せざ
るを得ないものと考えた方がよいだろう．

　もちろん，SDGs の目標を実現するために，私たちがただちに行動を求められる具体的な指標がある．例えば，目標 13（気候変動）対策として，国連気候変動枠組条約第 21 回締約国会議（COP21）のパリ協定（2015 年 12 月）で合意された「世界共通の長期目標として 2℃目標の設定．1.5℃に抑える努力を追求すること」を実現するために，CO_2 を含む温室効果ガスを大幅に削減することは喫緊に求められる行動である[8]．他方で，目標 16（平和と公正）のように「決して実現できなくても，絶えずそれを目標として，徐々にそれに近づいていこうとする」行為そのものに意味のあるものもある．たとえ目標が具体的に明示されていても，それを実現するための方法を考えなければならないものもある．

　つまり，SDGs そのものが学習の対象であり，それをめぐって考え，議論することが求められているのである．その意味では，私たちは安易に答えを求めるべきではないし，この状況を共有する一人の人間として真剣に他者と議論し，考えることが求められるのではないだろうか．

　SDGs は世界に変革を求めるものである．

　これを「学ぼう」とすることは，自らが世界を変革し，持続可能な未来を実現しようとする熱意と志が試されるのである．　　　　　〔朝岡幸彦・高田雅之〕

引用文献

1) 外務省（2015）：我々の世界を変革する―持続可能な開発のための 2030 アジェンダ（仮訳）．https://www.mofa.go.jp/mofaj/files/000101402.pdf（参照 2022 年 8 月 19 日）

2) Stockholm Resilience Centre: Looking back at 2016 EAT Stockholm Food Forum. https://www.stockholmresilience.org/research/research-news/2016-06-21-looking-back-at-2016-eat-stockholm-food-forum.html（参照 2022 年 8 月 19 日）

3) 国際連合広報センター編：SDGs を広めたい・教えたい方のための「虎の巻」．https://www.unic.or.jp/files/UNDPI_SDG_0707.pptx（参照 2023 年 1 月 18 日）

4) エリザベス・ロイト（2017）：きれいなトイレが世界を変える，ナショナルジオグラフィック日本版，**23**(8)，120–143，日経ナショナルジオグラフィック．

5) UNDP（2006）：人間開発報告書 2006．

6) 井田徹治（2011）：データで検証　地球の資源―未来はほんとうに大丈夫なのか？，講談社ブルーバックス．

7) 唐戸俊一郎（2017）：地球はなぜ「水の惑星」なのか―水の「起源・分布・循環」から読み解く地球史，講談社ブルーバックス．

8) 外務省（2022）：気候変動に関する国際枠組み― 2020 年以降の枠組み：パリ協定．https://www.mofa.go.jp/mofaj/ic/ch/page1w_000119.html（参照 2022 年 8 月 19 日）

第1章

湿地と SDGs

1.1 湿地とは

1.1.1 湿地の役割

湿地は生物多様性のゆりかごとして知られ，数えきれないほど多くの動植物が湿地に依存して生息している．例えば，沿岸湿地は水生生物にとって，採食場，産卵場，稚魚の成育場などとして機能している．また，湿地は動植物の生息地としてだけではなく，水を供給し，浄化し，食糧生産や公衆衛生，精神的・文化的拠り所として，人間の生命維持に不可欠なサービスを提供している．

加えて，湿地は，洪水調節，気象調整，炭素吸収と貯留，海岸保全などのリスク管理機能があるほか，漁業や観光業では地域社会や経済活動活性化の源となり，人間社会において幅広く重要なサービスを提供している．

このように，湿地は水を循環させると同時に，水が流れつく様々な場所，人，動植物につながりをもたらしている．そのため，適切な湿地の保全や管理を行い健全な湿地を維持することは，生態系や生物多様性の保全，世界中の人々の健康と福祉をもたらすことになる．このようなつながりを持続可能なかたちで実現し続けていくには，湿地それ自体を守るだけではなく，水環境を集水域として広く捉え保全し，管理するようなアプローチが必要である．流域全体を保全することができれば，景観としての里山や里海を守ることにもつながる．例えば，人工湿地である水田は，稲を育む役割を果たしていると同時に，水田に依拠する生物（カエル，アメンボ，渡り鳥など）が共存している場所であり，人の営みと自然の恩恵が循環している．また，湿地は陸からの景観（landscape，ランドスケープ）だけではなく，マングローブ林などの沿岸湿地が構成する海からの景観（seascape，シースケープ）の実現においても果たす役目は大きい．

1.1.2 湿地の定義とその分類

　様々なサービスを提供する湿地とは，一体どのようなものだろうか．「湿っている土地」は，必ずしもジメジメとしている沼地のような場所に限定されない．

　1971 年に採択された湿地保全に関するラムサール条約（詳細は 1.3 節を参照）は，湿地を次のように定義している．すなわち，湿地は，「天然のものであるか人工のものであるかを問わず，さらには水が滞っているか流れているか，淡水であるか汽水であるか鹹水であるかを問わず，沼沢地，湿原，泥炭地又は水域をいい，低潮時における水深が 6 メートルを超えない海域を含む」（第 1 条 1 項）と定義されている（図 1.1）．

　つまり，湿地は，水が存在すれば湿地の定義に当てはまり，海，河川，湖，泥炭地，干潟，カルデラ，遊水池，水田など数えきれないほど広範な場所が対象となる．

　なお，ラムサール条約は，特に湿地を生息地としている水鳥にとって重要である場合には，「水辺および沿岸の地帯であって湿地に隣接するもの並びに島，又は低潮時における水深が 6 メートルを超える海域であって湿地に囲まれているもの」（第 2 条 1 項）も湿地に含むとしている．すなわち，効果的な湿地保全のために湿地そのものに限らず，本来は条約の対象とならない，湿地ではない場所も保全すべき湿地に含め，あわせて条約湿地として登録することができる特徴をもつ．

　ラムサール条約は，湿地の登録に向けて，ラムサール条約湿地分類法（勧告 4.7 附属書 2（b）承認，決議 VI.5，決議 VII.11 修正）において，湿地分類のた

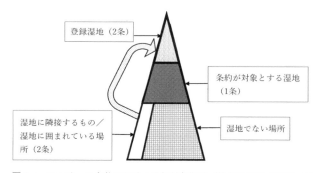

図 1.1 ラムサール条約における登録対象湿地（鈴木詩衣菜（2020）：ラムサール条約の義務に則した登録湿地の管理，湿地研究，**10**，19-26．）

表 1.1　決議 VIII.13　附属書 1：ラムサール条約湿地分類法（環境省，日本語訳をもとに作成）

海洋沿岸域湿地
A 低潮時に 6 m より浅い永久的な浅海域．湾や海峡を含む．
B 海洋の潮下帯域．海藻や海草の藻場，熱帯性海洋草原を含む．
C サンゴ礁．
D 海域の岩礁．沖合の岩礁性島，海崖を含む．
E 砂，礫，中礫海岸．砂州，砂嘴，砂礫性島，砂丘系を含む．
F 河口域．河口の永久的な水域とデルタの河口域．
G 潮間帯の泥質，砂質，塩性干潟．
H 潮間帯湿地．塩生湿地，塩水草原，塩性沼沢地，塩生高層湿原，潮汐汽水沼沢地，干潮淡水沼沢地を含む．
I 潮間帯森林湿地．マングローブ林，ニッパヤシ湿地林，潮汐淡水湿地林を含む．
J 沿岸域汽水/塩水礁湖．淡水デルタ礁湖を含む．
K 沿岸域淡水潟．三角州の淡水潟を含む．
Zk (a) 海洋沿岸域地下カルスト及び洞窟性水系．

内陸湿地
L 永久的な内陸デルタ．
M 永久的な河川，渓流，小河川，滝を含む．
N 季節的，断続的な河川，渓流小河川．
O 永久的な淡水湖沼（8 ha より大きい）．大きな三日月湖を含む．
P 季節的，断続的な淡水湖沼（8 ha より大きい）．氾濫原の湖沼を含む．
Q 永久的な塩水，汽水，アルカリ性湖沼．
R 季節的，断続的，塩水，汽水，アルカリ性湖沼と平底．
Sp 永久的塩水，汽水，アルカリ性沼沢地，水たまり．
Ss 季節的，断続の塩水，汽水，アルカリ性湿原，水たまり．
Tp 永久的淡水沼沢地・水たまり．沼（8 ha 未満），少なくとも成長期のほとんどの間水に浸かった抽水植生のある無機質土壌上の沼沢地や湿地林．
Ts 季節的，断続的淡水沼沢地，水たまり．無機質土壌上にある沼地，ポットホール，季節的に冠水する草原，ヨシ沼沢地．
U 樹林のない泥炭地．灌木のある，または開けた高層湿原，湿地林，低層湿原．
Va 高山湿地．高山草原，雪解け水による一時的な水域を含む．
Vt ツンドラ湿地．ツンドラ水たまり，雪解け水による一時的な水域を含む．
W 灌木の優占する湿原．無機質土壌上の，低木湿地林，淡水沼沢地林，低木の優占する淡水沼沢地，低木カール，ハンノキ群落．
Xf 淡水樹木優占湿原．無機質土壌上の，淡水沼沢地，季節的に冠水する森林，森林性沼沢地を含む．
Xp 森林性泥炭地．泥炭沼沢地林．Y 淡水泉．オアシス．
Zg 地熱性湿地．
Zk (b) 内陸の地下カルストと洞窟性水系．注意：「氾濫原」とは，一以上の湿地タイプを表すのに用いられる意味の広い用語であり，R，Ss，Ts，W，Xf，Xp 等のタイプの湿地を含む．氾濫原湿地の例としては，季節的に冠水する草原（水分を含んだ天然の牧草地を含む），低木地，森林地帯，森林等がある．本ガイドラインでは，氾濫原湿地を一つの湿地タイプとしては扱ってはいない．

人工湿地
1 水産養殖池（例魚類，エビ）．
2 湖沼．一般的に 8 ha 以下の農業用ため池，牧畜用ため池，小規模な貯水池．
3 灌漑地．灌漑用水路，水田を含む．
4 季節的に冠水する農地（集約的に管理もしくは放牧されている牧草地もしくは牧場で，水を引いてあるもの）
5 製塩場．塩田，塩分を含む泉等．
6 貯水場．貯水池，堰，ダム，人工湖（ふつうは 8 ha を超えるもの）．
7 採掘現場．砂利採掘坑，レンガ用の土採掘坑，粘土採掘坑．土取場の採掘坑，採鉱場の水たまり．
8 廃水処理区域．下水利用農場，沈殿池，酸化池等．
9 運河，排水路，水路．Zk (c) 人工のカルスト及び洞窟の水系．

めの指標を示している．具体的には，海洋沿岸域湿地（12種類），内陸湿地（20種類），人工湿地（10種類）について，それぞれ分類されている（表1.1）．ただし，当該方法は，あくまで登録湿地のモニタリング体制を整備し，登録湿地の特定を迅速に支援するために，非常に広範な枠組みを提供することのみを意図している分類である．したがって，条約の対象湿地全体の分類ではないことは留意する必要がある．

1.1.3　湿地の現状と課題

　ラムサール条約の最大の課題は，条約の目的である湿地保全が達成できていない点である．2018年のラムサール条約第13回締約国会議（COP13）において，「世界湿地概況」（Global Wetland Outlook）（図1.2左）が発表された．世界湿地概況は，湿地の価値に対する理解を深め，湿地保全やワイズユース（賢明な利用）を通じて，その恩恵が人に認識され，評価されるようにするための提言を行うことを目的としている報告書である．同報告書によれば，湿地の転用，汚染物質の流入などによる水質の悪化，外来種の導入，洪水や乾燥に影響する行為などにより，湿地の消失と劣化が続いている．1970年から2015年の期間に，人工湿地の面積は2倍になったが，天然の湿地である内陸湿地と海洋沿岸域湿地は約35％が失われたことを明らかにしている．これは森林面積の消失の3倍の速さである．ラムサール条約の湿地保全の総面積は2億5619万2356

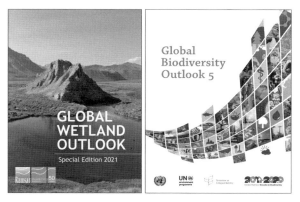

図1.2　湿地の劣化と減少に関わる報告書（Secretariat of the Convention on Wetlands（2018）：Global Wetland Outlook：State of the World's Wetlands and their Services to People. Secretariat of the Convention on Biological Diversity（2020）：Global Biodiversity Outlook 5.）

ha（2022 年 11 月現在）であり，年々その湿地の登録面積は増加しているが，世界全体の湿地面積は減少の一途を辿り，歯止めはかかっていないのが現状である．

　同様の指摘は，「地球規模生物多様性概要第 5 版」（Global Biodiversity Outlook 5）（図 1.2 右）においてもされている．同報告書は，水産事業の拡大などにより湿地が減少し，生息地が喪失しているに鑑み，2050 年ビジョン達成に向けて，社会変革や連携対応が必要としたうえで，生態系を保全し回復させる主要な要素の一つとして湿地をあげている．具体的には，「持続可能な淡水」に関する目標では，国家戦略を通じた湿地保全を実施することによる生物多様性の損失低減と回復をあげ，「持続可能な都市とインフラに関する移行」に関する目標では，湿地を含めたグリーンインフラを活用することをあげている．

　COP14 は 2022 年 11 月に開催され，24 の決議案のうち 21 の決議が採択された．湿地保全を強く実施するために決議 XIV.8「新 CEPA アプローチ」や決議 XIV.4 で第 5 次戦略計画の枠組みが検討された．また，ラムサール条約に関係する環境諸条約との連携，地域社会の協力，利害関係者の参加と理解，さらに決議 XIV.2 や XIV.3 などにおいてそれらを最大限支援できる組織改編が検討された．　　　　　　　　　　　　　　　　　　　　　　　　　　　　〔鈴木詩衣菜〕

参考文献
・環境省（2015）：日本のラムサール条約湿地―豊かな自然・多様な湿地の保全と賢明な利用，p.7.
　https://www.env.go.jp/nature/ramsar_wetland/pamph02/ramsarsitej/RamsarSites_jp_web07.pdf（参照 2022 年 8 月 19 日）
・鈴木詩衣菜（2016）：湿地保全と沿岸域の防災―ラムサール条約の転換期，環境と公害，**45**(3)，16-21.
・鈴木詩衣菜（2019）：ラムサール条約における迅速評価と法的課題，環境管理，**55**(6)，75-80.
・鈴木詩衣菜（2020）：ラムサール条約の義務に則した登録湿地の管理，湿地研究，**10**，19-26.
・日本湿地学会監修（2017）：図説 日本の湿地―人と自然と多様な水辺，朝倉書店.
・Secretariat of the Convention on Biological Diversity（2020）：Global Biodiversity Outlook 5.
・Secretariat of the Convention on Wetlands（2018）：Global Wetland Outlook：State of the World's Wetlands and their Services to People.

1.2 湿地にみる SDGs

1.2.1 SDGs とは

　国際連合は，人間の消費活動による資源の枯渇を回避し，地球を維持し続けるための追加目標が必要であるとして，2015 年に「われわれの世界を変革する：持続可能な開発のための 2030 アジェンダ」を採択した．「地球上の誰一人として取り残さない（leave no one behind）」ことを誓い，世界を変化（change）させるのではなく変革（transform）するために，2030 年までに持続可能な開発を達成するための行動計画である SDGs（Sustainable Development Goals）が，世界共通の目標として掲げられた（図 1.3）.

　持続可能な開発目標を意味する SDGs は，17 の全体目標とその目標を達成するための 169 の個別目標で構成される．具体的には，人間の基本的な生活に関わる目標（目標 1～6 および目標 17），社会的・経済的な目標（目標 7～11），平和と安全に関わる目標（目標 16）が掲げられ，前身である MDGs（Millennium Development Goals）で未達成であった目標やその課題を踏まえ個別目標が設定されている．さらに，環境に関わる目標（目標 12～15）では，それまでは想定されていなかった新たな課題に対応し，持続可能な開発を実現するための統

図 1.3　持続可能な開発に関する 17 の目標（sdg_poster_ja2021（unic.or.jp））

合的な方法を掲げている．これらの目標には，前身である IDGs（International Development Goals）や MDGs と同様に，達成期限と具体的な数値目標が含まれている．

　SDGs は，IDGs や MDGs と異なり，各目標に関わるべき対象が国家だけではなく，企業や個人にも拡大している点に特徴がある．SDGs の目標を達成するためには，国家だけでは解決することが困難であり，企業や個人も各目標を「自分ごと」化し，協力していくことが必要とされている．

1.2.2　湿地と SDGs の相互関係

　湿地と SDGs の 17 の目標（図 1.3）はどのように関連するだろうか．下記に目標順に概観する．

a.　湿地×貧困（目標 1）

　目標 1 は，2030 年までに極度の貧困を終わらせることを目標に掲げている．湿地は人間が生命を維持していくうえで必要であると同時に，農業や家畜の飼養など日々の営みに必要な清潔な水を提供する水源でもある．そのため湿地の消失は，その要因によらず，地域社会の生活様式に影響を与える．そのため貧困層や脆弱な状況にある人々の強靱性（レジリエンス）を構築することが必要となる（個別目標 1.4, 1.5, 1.b）．

b.　湿地×飢餓（目標 2）

　目標 2 は，食料安全保障を通じて，飢餓を終わらせることを目標に掲げている．湿地は，特に個別目標 2.4 などと関係し，多くの国で主食となる米，タンパク源となる魚や昆虫，カニやエビなどの甲殻類，貝類など多様な食料を供給し，栄養失調による発育阻害を阻止することの一助となっている．また，湿地は，洪水や干ばつに対する回復力を高める効果があるため，持続可能な食料生産の確保だけではなく，回復力のある農業生産性を向上させ，生態系の維持に貢献することが可能となる．

c.　湿地×健康と福祉（目標 3）

　目標 3 は，人間の健康と福祉に関わる目標である．人間の健康と幸福への湿地の貢献は，しばしば見過ごされ，正当に評価されず，結果として，湿地管理は開発計画の中で重要視されてこなかった．しかし，沿岸湿地は心身をリフレッシュする環境を提供している．また同目標の中には，伝染病の根絶も含まれ

る．2021 年に発行された「世界湿地概況」の特別版によれば，新型コロナウイルス感染症（COVID-19）の世界的な大流行を踏まえ，「パンデミックへの対応は，湿地がもたらすあらゆる恩恵を活用し，よりよい，そしてより湿潤な環境を取り戻すための機会を提供する」と指摘しており，湿地の適切な管理は，人獣共通感染症の蔓延防止や対応の一つとして期待されている．

d.　湿地×教育（目標 4）

貧困環境の継続と就労機会の喪失への対応として，目標 4 は，すべての人に公平で質の高い教育の機会を実現するための目標を掲げている．日常生活に利用するための水汲みは，女児がその役割を担うことが少なくない．教育を受ける機会を増やすためには，まず安全な水を入手しやすくなるように，ラムサール条約では湿地を通じた CEPA（詳細は 1.3 節および第 2 巻第 5 章を参照）の実践を呼びかけている．

e.　湿地×ジェンダー（目標 5）

目標 5 は，ジェンダー平等を掲げている．実際に，男女の湿地の関わり方やその管理方法については度々問題となっている．湿地を保全し，維持や回復をしていく過程には，湿地管理が極めて重要である．しかし，例えば日々必要な水を確保するために湿地で水汲みをする作業は女性が担っているにもかかわらず，湿地管理に関わる女性の役割は必ずしも重要視されていないために，湿地保全やワイズユース（賢明な利用）のための意思決定が妨げられている．

f.　湿地×安全な水（目標 6）

世界で消費されている淡水のほとんどが湿地から引き出されているため，目標 6 では，安全な水の提供と持続可能な水利用効率の向上により，最低限の生活を保障することを掲げている．また，持続可能な淡水の取水と供給を確保することで水不足に対処することを目標としている（個別目標 6.4）．

また，個別目標 6.6 では，湿地生態系の保全と回復を求めている．湿地は，日常生活で必要となる淡水を供給していると同時に湿地それ自体が天然の水ろ過装置としても機能している．そのため，生態系の機能を損なわないよう上下流を含めた湿地管理が継続されることにより，健全な湿地が創出され，また灌漑用水や飲料水として利用可能になり，人間の良好な健康状態につながる．

g.　湿地×エネルギー（目標 7）

目標 7 は，クリーンエネルギーの供給について掲げている．湿地は，エネル

ギー生産や製造過程における冷却機能など，農業，工業，製造業などの幅広い分野に水を提供しているが，人工湿地は，低エネルギー，省メンテナンス，低コストで発電することも可能である．河川の上流などにおいて持続可能な水管理を行うことにより，クリーンエネルギーを入手することができる．

h. 湿地×労働（目標8）

目標8は，働きがいや経済成長を掲げている．湿地は，エコツーリズムを実施する場としても機能している．地域活性化や雇用創出，湿地からもたらされる特産品の販促や文化体験などを通じて持続可能な観光業を促進する役割を担う．

i. 湿地×産業（目標9）

貧富の格差や生産性の格差を背景として，目標9は，持続可能で強靱なインフラ開発の推進を掲げている．マングローブ林などは天然の緩衝帯の役割を果たし，費用対効果の高い天然のインフラとして防災，減災の役割を果たす．また，産業という側面からは，用水路やため池により安定して農作物を生産することにもつながる．また湿地が，持続可能な排水システムとしても機能することで，下流の汚染を防止，軽減するほか地下水を補給することができる．

j. 湿地×平等（目標10）

自由主義社会における資産の格差や発言力の格差を背景として，目標10は，人や国の不平等をなくすことを掲げている．目標10が達成されるためには，健全な湿地の維持が不可欠である．健全な湿地は，上下流の水量や水質を安定させて提供することができ，すべての人が安全な水を手に入れやすくなることが期待される．

k. 湿地×まちづくり（目標11）

人が集中する都市は飢餓や貧困の原因になり，結果，廃棄物が増加し，水質汚染につながりやすい場合がある．そのため，都市の湿地を健全に維持していくことが必要であり，持続可能な都市化を推進していく必要がある．また，開発が極度に進んだ沿岸部は，水関連災害の脅威にさらされている（個別目標11.5）．そのため，湿地生態系を生かしたグリーンインフラによるまちづくりと湿地の統合的沿岸管理を通じて，水害のリスクを軽減し，被害を低減させることが必要となる．さらに，まちづくりにあたっては湿地を含む世界遺産の破壊も問題になっており，世界遺産などの人類共通の財産の保護や保全は，湿地保全にもつながっていく．

l.　湿地×製品（目標 12）

生産性が向上したことにより物があふれている社会において，目標 12 は「つくる責任，つかう責任」を掲げ，生産者と消費者にそれぞれ課題を与えている．つくる責任の側面では，持続可能な生産消費形態を確保するために，製品ライフサイクルを通じ環境上適正な化学物質や廃棄物の管理を実現することにより，廃棄物の湿地への放出を削減することができる．つかう責任の側面では，適切な排水を行い，湿地を持続可能なかたちで管理することを通じて，地域経済の原動力となり，また再湿潤化に対応することが期待される．

m.　湿地×気候変動（目標 13）

気候関連災害や自然災害の増加を背景として，目標 13 では，すべての国家が気候変動対策に関わる政策，戦略，計画を盛り込むことが要請されている．特に泥炭地は森林の 2 倍の炭素をためることが可能であるため，温室効果ガスの排出を抑えることに大きく貢献している．また，水関連の災害において湿地は，洪水流量を減退させ，過度な降水を蓄え，地下水を涵養し，また塩水遡上に対する緩衝材となるなど，水循環の調節に貢献する（個別目標 13.1）．

n.　湿地×海（目標 14）

海は湿地のひとつである．沿岸湿地と海洋湿地の保全は，健全で生産的な海洋を実現し，海洋汚染の悪化を防ぐ一助となる．また，沿岸湿地は，魚類の産卵場所であると同時に，養殖場など漁業を支えている場所でもある（個別目標 14.2）．また，海からの景観，いわゆるシースケープ（seascape）の実現においても沿岸湿地が果たす役目は大きく，沿岸観光産業にも貢献している．

o.　湿地×陸（目標 15）

衣食住，職，燃料の供給源である森林の減少と劣化を背景として，自然の湿地が減少し，砂漠化が加速している．そのため，目標 15 は，陸域や内陸部の淡水生態系の保全，回復，持続可能な利用を掲げている．世界中の生き物の 40％は湿地に生息・繁殖していることから，陸上生態系を構成する湿地を保全することを通じて，生物多様性の損失を阻止し，洪水，塩水の浸入による生産的な土地の喪失を回避する．また，地盤沈下の防止が期待されている．

p.　湿地×平和（目標 16）

目標 16 は，持続可能な開発のためにすべての人が法の支配のもとで公平な社会のもと平和を実現することを掲げている．湿地との関連では，特に国境をま

たぐ湿地が新たな紛争の要因とならないように，湿地管理者の賄賂や利害関係者の情報への公共アクセスを含む効果的な管理を実施することにより，平和と安全保障が確保される必要がある．

q. 湿地×パートナーシップ（目標 17）

　湿地保全のためには，国家，条約，地域，地元住民，国際組織，企業，NGOなど様々なアクター間での協働が必要であり，パートナーシップのよりいっそうの活性化と SDGs を達成するための支援が求められている．なお，ラムサール条約は SDGs 達成のために他の多数国間環境条約と連携を行い，共同プログラムなどを通じて湿地保全に貢献している．　　　　　　　　　〔鈴木詩衣菜〕

参考文献

・General Assembly (2015)：Resolution adopted by the General Assembly on 25 September 2015, Transforming our world：the 2030 Agenda for Sustainable Development, A/RES/70/1.
・Secretariat of the Convention on Wetlands (2018)：Ramsar Convention on Wetlands Scaling up wetland conservation, wise use and restoration to achieve the Sustainable Development Goals：Wetlands and the SDGs.
・Secretariat of the Convention on Wetlands (2021)：Global Wetland Outlook, Special Edition 2021.
　https://www.global-wetland-outlook.ramsar.org/s/Ramsar-GWO_Special-Edition-2021ENGLISH_WEB.pdf（参照 2022 年 8 月 19 日）
・Wetlands International (2021)：Act now on wetlands for Agenda 2030.
　https://www.wetlands.org/publications/act-now-on-wetlands-for-agenda-2030/（参照 2022 年 8 月 19 日）

1.3　ラムサール条約にみる SDGs

1.3.1　ラムサール条約とは

　1971 年にイランのラムサールで採択され，1975 年に発効された「特に水鳥の生息地として国際的に重要な湿地に関する条約」（ラムサール条約）は，湿地生態系を直接対象とした唯一の国際的な取り決めである．2022 年 4 月現在，締約国数は 172 カ国で，国際的に重要な湿地として 2439 カ所，約 2 億 5400 万 ha が登録されている．

　ラムサール条約は，「全世界における持続可能な開発の達成に貢献するための

地域や国内での行動および国際協力を通じたすべての湿地の保全および賢明な利用」をその使命としている．湿地保全，賢明な利用（ワイズユース），CEPA（communication, capacity building, education, participation and awareness）を通じて，湿地が健全に維持され，十分に機能するように支援し，湿地が自然や社会に提供する様々な恩恵を各国が享受できるように，湿地保全や管理のための指針や助言，政策の提言を行っている．また，必要な場合には，諮問調査団を派遣し専門的な支援を提供するなど独自の基盤を築いている．

　ラムサール条約の湿地保全の仕組みとして，まず国家が自国内の国際的に重要な湿地を指定し，条約に登録する（なお，締約国は条約の登録湿地であるか否かに関わらず，自国にあるすべての湿地について保全する義務を有するため（第4条1項），登録されなかった湿地が，保全対象外とはならない点に留意す

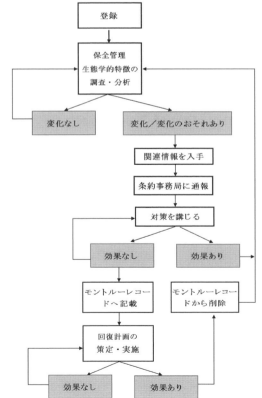

図1.4 登録湿地に関わる保全管理の構造（鈴木詩衣菜（2020）：ラムサール条約の義務に則した登録湿地の管理，湿地研究，**10**，19-26.）

る必要がある）．

　条約の登録簿に掲げられた登録湿地は生態学的特徴が維持されるよう保全管理がなされ，生態学的特徴の変化やそのおそれがある場合には，条約事務局への通知義務とあわせて必要な措置を講じなければならない（第 3 条 2 項）．また，登録湿地の状況が悪化した場合には，優先的な保全措置を必要とする湿地としてモントルーレコードに記載し，湿地回復措置を講じる必要がある（図 1.4）．

1.3.2　第 4 次戦略計画と SDGs

　ラムサール条約における戦略計画は，効果的な湿地保全と賢明な利用を促進させ，条約の目的を達成するための一手段である．特に，2015 年に開催された第 12 回締約国会議（COP12）において策定された第 4 次戦略計画の個別目標と SDGs の 17 項目の各目標は密接に関連し，第 4 次戦略計画の実施が SDGs を達成するうえでも重要な役割を担っている．

　第 4 次戦略計画は，「湿地が保全され，賢明に利用され，再生され，湿地の恩恵がすべての人に認識され，価値づけられること」を長期目標に据え，2016 年から 2024 年の期間で 4 つの全体目標と 19 の個別目標を設定した（表 1.2）．公共セクターや民間セクター，利害関係者と協力しながら，湿地の損失と劣化の要因に対処し，ラムサール条約湿地ネットワークを効果的に保全・管理し，条約の実施をさらに強化することにより，すべての湿地の賢明な利用を促進し，湿地の損失と劣化を防止・阻止・回復することを目指している（決議 XII.2，para8）．以下に，第 4 次戦略計画の各全体目標と SDGs との関係を述べていく．

a.　全体目標 1×SDGs

　第 4 次戦略計画の個別目標 1〜3 は，水の汚染低減や水質改善を求める SDGs の目標 6 などと関連している．また，個別目標 4 は，侵略的外来種の侵入の防止とともに，陸域・海洋生態系への影響を大幅に減少させるための対策の導入（SDGs の個別目標 15.8）を掲げている．

　ラムサール条約は，国家に対し，緊急な国家的利益のために登録湿地の区域を廃止・縮小する権利を認めているが，その際は湿地保全や管理，賢明な利用についての国際的責任を考慮することを要請している（第 2 条 5 項，6 項）．全体目標 1「湿地の減少と劣化の要因への対処」を達成するため，政策的に，賢明な利用を実施する一手段としてノー・ネット・ロス（no net loss）を採用し，

表 1.2　第 4 次戦略計画の各目標と関連する SDGs 個別目標

第 4 次戦略計画の各目標		関連する SDGs の個別目標
○全体目標 1：湿地の減少と劣化の要因への対処		
個別目標 1	各分野の戦略の中で，湿地の恩恵が考慮される	1.b, 2.4, 6.1, 6.2, 6.5, 8.3, 8.4, 8.9, 11.3, 11.4, 11.a, 11.b, 13.2, 14.4, 14.5, 14.c, 15.9
個別目標 2	湿地生態系が必要とする水量に配慮する	1.b, 6.4, 6.6
個別目標 3	官民各セクターが賢明な利用のガイドラインを適用する	1.b, 2.3, 2.5, 6.3, 6.4, 6.a, 6.b, 8.4, 9.1, 9.5, 11.4, 11.5, 11.6, 11.7, 14.1, 14.2, 14.3, 14.4, 14.5, 14.7, 14.b, 15.1, 15.2, 15.3, 15.4, 15.5, 15.6, 15.7
個別目標 4	侵略的外来種を防除あるいは根絶する	15.8
○全体目標 2：ラムサール条約湿地ネットワークの効果的な保全と管理		
個別目標 5	統合的な管理を通じて生態学的特徴を維持する	6.3, 6.4, 6.5, 6.6, 8.3, 8.4, 11.4, 11.a, 11.b, 14.2, 15.1, 15.2, 15.3, 15.4
個別目標 6	ラムサール条約湿地の面積を増加させる	6.5, 6.6, 11.4, 11.a, 11.b, 13.1, 14.2, 14.5, 15.1, 15.2, 15.3, 15.4
個別目標 7	生物学的特徴を脅かす要因に対処する	6.1, 6.6, 11.4, 11.5, 11.6, 11.7, 11.a, 11.b, 13.1, 14.2, 15.1, 15.2, 15.3, 15.4
○全体目標 3：すべての湿地の賢明な利用		
個別目標 8	国の湿地目録を完成させる	6.6, 11.4, 14.5, 15.1, 15.8
個別目標 9	河川集水域の統合的管理を通じてワイズユース（賢明な利用）を強化する	1.4, 6.5, 8.3, 8.4, 11.b, 14.7, 14.c
個別目標 10	伝統的知識や慣行を尊重し活用する	2.3, 2.5, 5.5, 5.a, 6.b, 15.c
個別目標 11	湿地の生態系サービスや恩恵を記録する	1.5, 11.5, 11.6, 11.7, 14.7, 15.9
個別目標 12	劣化した湿地を再生する	6.6, 14.2, 14.4, 15.1, 15.2, 15.3, 15.8
○全体目標 4：実施強化		
個別目標 13	主要セクターの活動の持続可能性を向上させる	2.3, 2.4, 6.5, 6.b, 8.3, 8.4, 8.9, 11.a, 11.b, 13.2, 14.4, 14.5, 14.c, 15.9
個別目標 14	科学的な手引きを開発し，政策決定に役立てる	9.5, 9.a, 14.3, 14.4, 14.5
個別目標 15	条約実施のためのラムサール条約地域イニシアティブを強化する	1.5, 2.5, 6.5, 9.1, 11.a, 11.5, 11.6, 11.7, 14.2, 15.1
個別目標 16	CEPA を通じて湿地保全と賢明な利用を主流化する	2.4, 6.a, 11.3, 13.1, 13.3, 15.7, 15.8
個別目標 17	実施のための資源を利用可能にする	9.a, 15.1, 15.a, 15.b
個別目標 18	国際協力を強化する	2.5, 6.5, 6.a, 14.5, 14.c, 15.1, 15.6
個別目標 19	条約と戦略計画を実施するための能力を向上させる	2.4, 6.a, 11.3, 13.1, 13.3, 15.c

The Ramsar Convention Secretariat（2018）：Wetlands and the SDGs（https://www.ramsar.org/sites/default/files/documents/library/wetlands_sdgs_e_0.pdf）をもとに作成.

湿地の減少や劣化の要因に対処できるように配慮されてきた．ノー・ネット・ロスとは，ある行為による湿地への影響を相殺することである．具体的には，開発行為による湿地への影響があっても，他の場所で同様の湿地の再生や創出がなされれば，湿地やその生態学的特徴の損失が事実上ないとされるために湿地への影響が許可される．しかし，ノー・ネット・ロスは，締約国の湿地への影響を回避しなければならないという大前提を弱めるような手法になりかねず，第4次戦略計画の全体目標とSDGsの関連目標を達成する手段として不十分である．そのため，ラムサール条約では，湿地への影響が全くない状態を実現する「ノー・ロス・アプローチ」（no loss approach）を奨励している．

b.　全体目標2×SDGs

ラムサール条約は，数少ない登録制度を採用している環境条約である（詳細は第2章を参照）．他の条約と異なり，通常，国家は締約国になってからその条約上の義務を負うが，ラムサール条約の場合は，加盟希望国は，加盟時に少なくとも1カ所の国際的に重要な湿地を指定する義務がある（第2条4項）．効果的な湿地保全の観点から第4次戦略計画の個別目標6「ラムサール条約湿地の面積を増加させること」に直接寄与する仕組みであり，湿地の指定がより積極的になされることにより国際的な協力を強化することが可能となる．例えば，国境をまたぐ湿地の複数国による協働管理を通じて，湿地生態系サービスの包括的な保護を実現することが考えられる．また，水関連の生態系の変化に関わる目標を掲げているSDGs個別目標6.1に対し貢献する．ラムサール条約は当該目標に対し，湿地面積に関わる最新のデータを管理・報告する機関として，先導的役割を有している．

c.　全体目標3×SDGs

全体目標3では「すべての湿地の賢明な利用」が掲げられている．ラムサール条約は，持続可能な開発や持続可能な利用という用語が存在しない採択当初から「賢明な利用」という用語を通じて湿地保全と開発のバランスを保ってきた．

賢明な利用の定義については，湿地がおかれている状況に鑑み必要な変更がなされ，明確化が図られてきた．現在は，持続可能な開発の文脈において，生態系アプローチの実施を通じて達成される湿地の生態学的特徴の維持として定義されている．そのため，賢明な利用は，単に湿地とその資源の持続可能な利

用を行うだけでは不十分であり，湿地を利用する場合は，生態学的特徴の維持を目的としなければ賢明な利用といえない点が重要である．

生態学的特徴の変化は現状の湿地を把握するうえで不可欠である．締約国が湿地の生態系サービスなどを記録し（個別目標11），湿地目録の完成，更新や改善を確実に実施し（個別目標8），目録にすることにより常に最新の湿地に関わる情報を提供することが可能となる．

また，湿地が指定されることだけをもって，当該湿地の十分な保全が保証されるとは限らない．各国の適切な管理計画とその実施が賢明な利用のためには不可欠となる．そのためラムサール条約は，条約決議を通じた支援だけではなく，より実践的な手引きを発行し，湿地の賢明な利用を支援している．より実践的な手引きの利用を通じた管理計画は，統合的管理を通じた賢明な利用の強化を掲げる第4次戦略計画の個別目標9に貢献し，さらに賢明な利用の強化はSDGs個別目標6.5「あらゆるレベルでの統合的な水資源管理を実施する」を達成することにもつながる．

d. 全体目標 4×SDGs

第4次戦略計画の全体目標4は「実施強化」である．湿地の管理計画の実施には，人々の湿地への理解が課題となる．なぜならば，湿地は，雇用や所得の創出，文化的・精神的な充足など多種多様な恩恵を人々にもたらしているが，これを継続していくためには，様々な立場の人々が湿地の多様な価値を共有し，多様な視点を管理計画の中に取り入れることが不可欠なためである．この点について，個別目標16は，CEPAを通じた賢明な利用の主流化を掲げている．CEPAは「コミュニケーション，能力構築，教育，参加，普及啓発」を意味し，湿地の効果的な保全や賢明な利用のために，数多くの市民の理解や関与を促す役割がある（詳細は第2巻第5章を参照）．そのため個別目標16の達成に向けた行動は，SDGsの目標11が掲げる「住み続けられるまちづくり」などの達成につながる．

2016年に採択されたCEPA行動計画は，決して湿地の一部の価値にとらわれず，湿地の恩恵を最大限に活用するための湿地保全政策を実施するための枠組みを提供している．特に意思決定者が利害関係者の意見をすべて確実に聴取し，可能な限り対立が起こらないかたちでの賢明な利用を後押ししている．なお，政策の決定と実施にあたっては，市民科学の活用（ボランティアの活用に

よる費用対効果の高いデータ収集）も情報格差の是正と湿地の保全行動を通じた水鳥の生息地の状態改善につながり，注目されている．

　また，第4次戦略計画の個別目標18では国際協力の強化が求められており，同様に SDGs の目標17では，多数国間環境条約間のパートナーシップを通じたSDGs の達成が求められている．ラムサール条約は，すでにいくつかの多数国間環境条約と連携しているが（詳細は1.4節を参照），他条約におけるラムサール条約の役割を明確にし，よりいっそう関連諸条約や国際機関と緊密に連携する必要がある．

1.3.3　第5次戦略計画策定に向けて

　2018年に開催された COP13で第4次戦略計画の評価に関する決議 XIII.5 が採択された．同決議に基づき，第4次戦略計画の振り返りと第5次戦略計画策定に向けた作業部会が同年設置された．作業部会は，締約国に対し，第4次戦略計画の実施状況と自国の取り組みや直面した課題について情報を収集し，分析した．その結果，第4次戦略計画の残期間（2022〜2024年）の計画内容について，「SDGs の目標を達成するための湿地保全に関わる行動」，「新しい CEPAアプローチと湿地政策およびその実行」，「決議 XIII.18 に適応するためのジェンダーに対応した湿地政策とその実行」に関して調整が必要であることを指摘した．また，これらについて締約国を支援するため，3つのテーマ別附属書（「SDGs の目標達成のための湿地保全行動」（附属書3），「新しい CEPA のアプローチと湿地政策と実践」（附属書4），「ジェンダーに対応した湿地政策と実践，決議 XIII.18 の適用」（附属書5））を追加することを示した．

　さらに，作業部会は，第5次戦略計画の策定にあたり，第4次戦略計画の中核的要素を保持することを提案し，さらに条約の外部要素として，新たな生物多様性の枠組み，持続可能な開発目標，生物多様性および生態系サービスに関する政府間科学-政策プラットフォーム（IPBES），国連気候変動に関する政府間パネル（IPCC）などの将来の関連作業が，次期戦略計画の情報提供に有用であることを提案した．

　ラムサール条約は条約の目的達成のために，これまでも様々なかたちで取り組まれてきているが，湿地の減少や劣化は歯止めがかかっていない．しかし，第4次戦略計画の前文で言及されているように，賢明な利用を達成するための

数多くの課題に対し，何も行わずにいることへの代償は長期的に高いことに鑑みると，締約国が足並みをそろえて取り組むべき主要事項を整理し，追加的優先事項を明示的に新たな戦略計画に組み入れることが，より実効的な協働につながり，SDGs の目標達成に近づくことができると考えられる．〔鈴木詩衣菜〕

参考文献

・59th Meeting of the Standing Committee（2021）：SC59/2022 Doc.10 Rev.1 Report of the Working Group on the review of the Strategic Plan.
https://www.ramsar.org/sites/default/files/documents/library/sc59_2022_10_rev1_spwg_report_e.pdf（参照 2022 年 8 月 19 日）

・The Ramsar Convention Secretariat（2015）：The 4th Strategic Plan 2016-2024.
https://www.ramsar.org/sites/default/files/documents/library/4th_strategic_plan_2016_2024_e.pdf（参照 2022 年 8 月 19 日）

・The Ramsar Convention Secretariat（2018）：Resolution XIII.7 Enhancing the Convention's visibility and synergies with other multilateral environmental agreements and other international institutions.
https://www.ramsar.org/sites/default/files/documents/library/xiii.7_synergies_e.pdf（参照 2022 年 8 月 19 日）

・The Ramsar Convention Secretariat（2018）：Wetlands and the SDGs.
https://www.ramsar.org/sites/default/files/documents/library/wetlands_sdgs_e_0.pdf（参照 2022 年 12 月 5 日）

1.4 湿地に関連する環境諸条約

　湿地保全の必要性はこれまでにも多くの国際文書で確認されてきた．例えば，2012 年の国連持続可能な開発会議（リオ＋20）では，水が持続可能な開発に不可欠であることが確認され，また国連総会決議 A/RES/68/157 では，湿地が特に水量や水質の維持に重要な役割を担い，また人間生活には欠かせない安全な飲料水および公衆衛生に対する人権保障に不可欠であるとした．

　湿地は様々な分野と密接に関わっていることから，湿地生態系それ自体を対象とするラムサール条約を遵守するだけでは不十分である．湿地保全の効果的な実施のためには，関連諸条約の有機的な連携（単なる情報交換や一時的な協力関係にとどまらず，他分野と相互に相乗効果が得られるような，より具体的かつ強固で長期的な協力体制）が必要である．

　湿地に関連する環境条約として，渡り鳥保護に関わる二国間条約のほか，生

物多様性条約（CBD），気候変動枠組条約（UNFCCC），世界遺産条約，砂漠化対処条約，ボン条約，ワシントン条約など数多くの多数国間環境条約も関わっている．ラムサール条約を含めたこれらの条約は相互協力の重要性を決議や決定で幾度も確認しており，技術支援などの協力体制を構築してきた．

1.4.1　生物多様性条約

　CBD は，熱帯雨林の破壊に起因する生物の多様性の急速な減少を背景として，生物多様性を包括的に保全する条約である．1992 年に国連環境開発会議（地球サミット）で採択され，1993 年に発効した．CBD の目的は，生物多様性の保全，生物多様性の持続可能な利用，遺伝資源の利用から得られる利益の公正かつ衡平な配分の3つである．CBD は，これらの目的を達成するために，生態系アプローチに基づいた政策，計画，管理（監視義務や生息域内保全，生息域外保全の義務を含む）の必要があり，その生態系サービスを維持していくために，水が最も価値あるものであるため，生物多様性と湿地のワイズユース（賢明な利用）は不可分であると認識している．実際に，CBD の COP10 で採択された生物多様性戦略計画 2011-2020 の愛知目標では（決定 X/2），サンゴ礁などの脆弱な生態系を保全するための沿岸域および陸域流域の統合的な管理（目標10）や沿岸域，陸域，内陸水域の保全（目標 11）などが掲げられている．また，CBD の COP12 では，決定 XII/19「エコシステム保全と回復」において，沿岸湿地が生物多様性保全と災害リスク軽減など生態系サービスに決定的に重要であることが確認されている．

a.　生物多様性条約×ラムサール条約

　1996 年に開催された CBD の COP3 では，CBD のもとで実施される湿地関連活動に関連し，ラムサール条約が主要なパートナーとしての役割が重要視された（決定 III/21）．以来 CBD とラムサール条約の連携は，約 25 年間続いている．具体的に両条約の連携は，共同作業計画を通じて維持されている．第5次共同作業計画（2011～2020 年）では，湿地はすべての生物群に関係し，すべての活動から影響を受ける可能性があり，CBD の生態系アプローチを用いた土地と水の適切な管理が必要なため，CBD がラムサール条約で採択されたすべての関連決議の実施支援を明示している．

　2011 年からラムサール条約は，2012 年に設立された世界中の研究成果をもと

に生物多様性および生態系サービスに関する政策提言を行う政府間組織である IPBES に対し，湿地の状態を含む現状と傾向に関するテーマ別評価の要請を提出し，かつラムサール条約がどのように貢献できるかを模索している．2019 年に IPBES によって発行された地球規模評価報告書は，自然の変化を引き起こす要因として，陸と海の利用の変化などをあげ，過去 50 年間に湿地や生物多様性などの減少や劣化が加速していることを明らかにした．現状では，持続可能な利用に関する目標の達成は不可能であるため，経済，社会，政治，科学技術分野における横断的な社会変革（transformative change）を促進することが不可欠であることを指摘した．2022 年に生物多様性喪失の根本原因，変革の決定要因，生物多様性の 2050 年ビジョン達成のための評価に関する報告書の作成を開始している．

b. 生物多様性条約×SDGs

ラムサール条約第 3 次戦略計画 2009-2015 では，2010 年に採択された生物多様性戦略計画 2011-2020 の愛知目標の達成に向けて，条約連携を行い，第 4 次戦略計画にも受け継がれた．愛知目標達成は，第 4 次戦略計画と SDGs の両方の目標達成につながる．例えば，愛知目標 1 は「生物多様性の価値およびそれを保全し，持続可能な利用のために取りうる行動を人々が認識する」ことを掲げている．これは，第 4 次戦略計画の個別目標 11「湿地の生態系サービスや恩恵の記録」や個別目標 16「賢明な利用の主流化」に対応している．また，SDGs の個別目標 6.3 に関連する第 4 次戦略計画の全体目標 1「湿地の減少と劣化の要因への対処」は，愛知目標 5「すべての自然生息地の損失の速度が少なくとも半減かゼロに近づき，またそれらの生息地の劣化と分断が顕著に減少する」と関連する．さらに，持続可能な行動を促すために第 4 次戦略計画の個別目標 17 と愛知目標 20 がともに資金源について触れており，第 4 次戦略計画の個別目標 9「賢明な利用の強化」と個別目標 13「活動の持続可能性の向上」が愛知目標 6「生態系を基盤とするアプローチを適用した管理と収穫」と対応する．

1.4.2 気候変動枠組条約

UNFCCC は，1992 年に米国ニューヨークで採択され，1994 年に発効した．温室効果ガスの濃度を安定化させることを目的として策定された．2015 年には，同条約の実施を促進するうえで，気候変動の脅威への対応強化を目的とす

るパリ協定が採択された．締約国は，気候変動の緩和と適応に関して，自然に根ざした解決策（NbS）を主要構成要素とする国別目標の作成を要請されている．湿地保全管理を通じた国別目標の策定は，特に気候変動の緩和に対する効果が期待される．パリ協定は，締約国に対し，世界全体の平均気温の上昇を工業化以前よりも 1.5℃ 高い水準までに制限する努力とその継続を要請している．気候変動への対応として，沿岸湿地や泥炭地は温室効果ガスの排出を抑える効果を有するため，パリ協定が掲げている 1.5℃ 目標の達成に不可欠である．

a.　気候変動枠組条約×ラムサール条約

　SDGs 目標 13 は，地球温暖化による気候変動の問題に具体的な対策を実行していくことを直接的かつ明示的に掲げている．UNFCCC と連携し，ラムサール条約が気候変動に関わる SDGs の個別目標に貢献することができる．気候変動と湿地に関わる対応としては，「気候変動と湿地—影響，適応および影響緩和」（決議 VIII.3）や「気候変動と湿地」（決議 X.24）において，ラムサール条約の締約国に対し気候変動および異常気象に対する湿地の回復力を高めるように要請された．

　2018 年に採択された決議 XIII.13「気候変動の緩和と適応，生物多様性の向上および災害リスク低減の強化のための劣化した泥炭地の再生」は，第 4 次戦略計画の内容を再確認し，締約国に対し，既存の泥炭地を保全し（決議 VIII.17），劣化した泥炭地を回復させ，湿地を活用した炭素管理に取り組むよう勧告した．また，湿地による気候変動への対応には，ブルーカーボン（藻場，干潟，マングローブ林など浅海生態系に取り込まれている炭素）が，炭素を隔離，貯留する新たな吸収源として注目されている．ラムサール条約では，決議 XIII.14「沿岸域におけるブルーカーボン生態系の保全，回復，持続可能な管理の促進」が採択され，ブルーカーボン生態系の価値に関わる認知向上と気候変動の緩和と適応のための行動を国家に奨励した．また，湿地保全とワイズユースの実施を支援する STRP（科学技術検討委員会）に対し，気候変動対応のための湿地の役割に関し，継続調査を要請した．さらに，決議 XIII.16「持続可能な都市化，気候変動と湿地」は，締約国に対し，国際連携，技術支援，能力開発を通じて，都市化が進んだ区域における湿地への気候変動，汚染，生態系の分断による悪影響を防止し，湿地を保全することを奨励した．

　他方，UNFCCC では，2013 年に IPCC 湿地ガイドラインを策定している．こ

れは温室効果ガス目録のための IPCC ガイドライン 2006 年版の補足文書である．同文書によれば，ブルーカーボン生態系の維持・回復により，沿岸生態系機能が回復および向上し，またカーボンニュートラルによる持続可能な水産業の構築を通じた SDGs への貢献，パリ協定への貢献，気候変動緩和・適応策の推進が期待される．

　2022 年 11 月に開催されたラムサール条約 COP14 では，決議 XIV.17「気候変動に対処するための湿地生態系の保護，保全，回復，持続可能な利用および管理」が採択され，締約国に対し，気候変動の緩和，適応，回復力に関わる評価を実施し，情報などを提供するよう奨励した．さらに，決議 XIV.6「条約の認知度向上と他の多数国間環境条約や他の国際機関との有機的効果」が採択され，ラムサール条約の効果的な実施のための条約の認知度向上と他の多数国間環境条約や国連環境計画（UNEP）など他の国際機関との相乗効果に関して議論がなされ，よりいっそうの有機的な連携の強化とその実施が求められている．

〔鈴木詩衣菜〕

参考文献

・Brondizio, E. S. *et al.* (eds.) (2019)：Global assessment report on biodiversity and ecosystem services of the Intergovernmental Science-Policy Platform on Biodiversity and Ecosystem Services, IPBES.
・Hiraishi, T. *et al.* (eds.) (2014)：2013 Supplement to the 2006 IPCC Guidelines for National Greenhouse Gas Inventories: Wetlands, IPCC.
・The Convention on Biological Diversity (CBD) and the Ramsar Convention on Wetlands (Ramsar) 5th Joint Work Plan (JWP) 2011–2020.
・United Nations Climate Change (2018)：Coastal Wetlands and Mangroves: A Natural Climate Solution Pathway to Climate Change.
　https://unfccc.int/documents/184196（参照 2023 年 1 月 24 日）

第2章 ラムサール条約と地域

2.1 「地域」概念を含むラムサール条約

2.1.1 ラムサール条約と登録湿地の空間的広がりとしての「地域」

　ラムサール条約は，「特に国際的に重要」であると認定されて登録簿に記載された「ラムサール条約登録湿地」だけでなく，すべての湿地に関する，保全・再生，ワイズユース（賢明な利用），CEPA を国際的・国内的な協力によって進めるための条約である．

　言うまでもなく，湿地および登録湿地（以下「湿地等」とする）には，一定の空間的な広がりがある．例えば釧路湿原，尾瀬，荒尾干潟などの空間的な広がりである．この空間的広がりを「地域」と呼ぶならば，ラムサール条約には湿地等に関する「地域」概念が組み込まれているといえる．

　この湿地等の空間としての地域は，行政区としての市町村，都道府県，国家，国際的エリア，さらに地球という地域にも属している．つまりラムサール条約における「地域」は，地元自治体とともに，地球を最上位とする重層的地域に連なっている．例えば尾瀬は，檜枝岐村，片品村，魚沼市という村と市に属し，同時に福島県，群馬県，新潟県に属し，また日本国，アジア，地球という地域にも属している．　　　　　　　　　　　　　　　　　〔佐々木美貴・笹川孝一〕

2.1.2 「Wetland City Accreditation（湿地自治体認証）」制度の導入

　ラムサール条約が「地域」概念を含むことは，2015 年にいっそう明確になった．同年にウルグアイで開かれたラムサール条約第 12 回締約国会議（ラムサール COP12）で決議 XII.10「Wetland City Accreditation（ラムサール条約湿地自治体認証）」制度が採択されたからである．この制度は，登録湿地を含む市町村やそれを包括する郡や複数の自治体連合を「Wetland City」，「湿地自治体」という地域として認証・登録するものである．このことによって，登録湿地を

含む当該自治体のすべての空間・地域が保全・再生，ワイズユース，CEPA 活動と計画の対象となった．このことは，ラムサール条約が関わる地域が，これまでの登録湿地という点から，特に都市部（町場）を含む自治体全体という面へと拡大されたことを意味する．そして，これがさらに拡大していけば，締約国内部の湿地自治体が拡大し，それは「湿地国家」へ，さらには「湿地地球」へと展開していく可能性を含んでいる．

日本では，2022 年 5 月に新潟県新潟市と鹿児島県出水市が"Wetland City"，「湿地認証自治体」として，条約事務局によって承認された．そしてこれが進んでいけば，湿地を基礎とする「地域」が一段と具体的，多面的，個性的になり，日本が水を生かした国づくりへと進む．そして近隣諸国とあわせて「水を生かしたアジア太平洋」づくりへの道が開けてくる．

ところで，湿地自治体認証はなぜ制度化されたのか？ それは，より多くの人々に支持されるラムサール条約になり，それにより湿地の保全も確実となると考えられたからである．この制度の提案国の一つである韓国の「湿地保全法」では登録湿地の漁業権を一代限りで廃止するなど，ワイズユースが欠落しているともいえる，保全一辺倒の法律である．そのために，地元の人からも，また，都市部の多くの住民からも支持が薄かった．そこで，登録湿地が属する自治体の全体，あるいは隣接する自治体も含めて人々の暮らしにとって登録湿地が積極的な役割をもつことを明確にして，湿地自治体としての登録によって登録湿地そのものへの支持を醸成しようとしたのである． 〔佐々木美貴・笹川孝一〕

2.1.3 湿地等を軸とする「地域」の構造と，地域同士のつながり

2018 年に山形県鶴岡市で開かれた，「ラムサール条約登録湿地関係市町村会議 第 10 回学習交流会」の基調提案で，岡田和弘（京都大学）[1] は，「『地域』とは，固有の自然と一体になった経済活動を基本とする人間の生活領域」だと述べた．岡田[1] によれば，「『個別の地域』の『構造』は，『自然環境＋建造環境（土地と一体となった生産・生活手段）＋社会関係（経済組織，社会組織，政治組織）』からなる．」「自然環境」とは，ラムサール条約では保全・再生やワイズユースの前提としての湿地である．「建造環境」とは，湿地関連の農業，漁業，観光業や生活のための井戸，温泉施設，上下水道などである．「社会関係」とはそのための経済組織，社会組織，政治組織，教育・文化組織などである．また，

このような「地域」は，人や物質，貨幣，情報を仲立ちとして，他の個別地域とつながって成立している．湿地に関わる「地域」についていえば，水の循環，地下水系，分水，上流から下流・海までの集水域や，世界に広がる湿地の産物の市場などによって密接につながっている． 〔佐々木美貴・笹川孝一〕

引用文献
1) 佐々木美貴（2019）：第8章地域づくりと「湿地の文化」教育，阿部　治・朝岡幸彦監修，湿地教育・海洋教育，p.122，筑波書房．

2.1.4 「地域」としてのラムサール条約登録湿地

　SDGs の目標はすべて，先に述べた湿地等が関わる「地域」と密接な関係にある（序章を参照）．しかし，日本の登録湿地では「地域」として捉えることが弱かった．それは，2010 年頃までの日本において条約が義務づけている「保全活用計画」を国立公園の利用計画や鳥獣保護区の管理計画で代替する傾向が強かったからである．そのために，ワイズユースが十分に位置づけられず，地元の住民の行う「地域づくり」およびその中核に位置する「自治体づくり」と，伝統的な「保護活動」との間で軋轢が起こることもあった．地域で生活する住民のニーズは，湿地を持続可能で賢く活用することにあるからであり，それは地方自治体が「住民の福祉の増進を図ることを基本」とすると，地方自治法が明示しているからである．

　しかし，2012 年に熊本県の荒尾干潟が登録された頃から，ラムサール条約登録申請と同時に保全活用計画づくりに着手し，登録後，数年以内に計画を公表する自治体が増えている．佐賀県佐賀市，同鹿島市，宮城県南三陸町などである．これらはいずれも海域の登録であり，登録地域が漁民の生活の場だからだと考えられる．そして，地域の基幹産業が水産業なので，それを無視して鳥獣保護などを優先することは不可能だった．また，事実として，登録を推進した水鳥の保護活動を行う人々も地元の人なので，水産業との調和を重視したからだと考えられる．

　こうした変化の背景には，辻井達一の提唱による「湿地の文化」研究の推進もあった（第2巻3.1.1項を参照）．また，市町村会議の学習交流会の発足によって登録湿地の関係市町村の共通の関心事である「ラムサール登録湿地と地域

活性化」,「湿地と地域づくり」についての経験交流と理論化が進んだこともある. さらに, 日本湿地学会が発足し, 自然科学・人文科学・社会科学の横断的な湿地研究が進められてきたことも注目される. そのような中で,新潟市の「潟環境研究所」や南三陸町の「南三陸学会」のような地域を総合的に検討する研究所や学会も生まれ, 世界農業遺産やジオパーク, ユネスコ食文化都市などと重ね合わせる取り組みも盛んになっている.　　　　〔佐々木美貴・笹川孝一〕

参考文献
・ラムサール条約登録湿地関係市町村会議 (2019):ラムサール条約登録湿地関係市町村会議第 10 回学習・交流事業の記録.

2.1.5　日本でよくあるラムサール条約の誤解

　他の国々に比べておそらく日本では, ラムサール条約のことを（詳しくとまではいわないが）一般の人々が知っている割合がかなり高いと思われる. その中で, まず比較的よく知られている誤解は, ラムサール条約は水鳥条約だと思っている人がいることだろう. 条約の正式名称は日本語では「特に水鳥の生息地として」と, 最初に水鳥という言葉が出てくるので, 水鳥条約だと思ってしまう, ということらしい. しかしよく考えると,「特に」と断っていることから, 水鳥を特別扱いしているけれど決して水鳥だけではない, ということになるはずである. 水鳥が重要であることは変わらない. 国内の湿地を守ってください, という趣旨だけでは「国際」条約の必要性に説得力を十分にもたせられない. 複数の湿地を移動して利用する渡り鳥, 水鳥の重要性はラムサール条約の礎である.

　次に日本でよくある誤解としてあげられるのは, ラムサール条約では登録湿地（国際的に重要な湿地のリストに掲載された湿地）だけを守ることが義務づけられている, というものである. そしてその根拠として条文第 3 条第 1 項によれば締約国は,「登録湿地の保全と, 領域内の湿地のワイズユースをできる限り促進するため, 計画を作成し, 実施する」ことが書かれており, 登録湿地を保全すること, そして可能な限り国内のすべての湿地におけるワイズユースを促進することが義務づけられていると考えられる.

　しかし, これを登録湿地だけが対象だとする誤解と呼んでいいのだろうか.

まず，登録湿地を保全するための計画策定および実施については，日本では自然公園法による国立公園もしくは国定公園として，あるいは国指定鳥獣保護区として，保全されていることが登録条件とされてきており，特に条約のため，あるいは湿地保全を主眼とした計画づくりはされてこなかった．また，国内の重要湿地のリストも度々編纂されてきたものの，専門家によってはまだまだ完全なリストとはなっていない，網羅されていないといった指摘もあり，そうであればすべての湿地のワイズユースが試みられているとはいえない状態にある．すべての湿地を視野に入れていることは間違いないが，ワイズユースかどうか，誰がどうやって判断すればいいのか，実はかなり難しい問題であり，今後も議論が必要だろう．　　　　　　　　　　　　　　　　　〔小林聡史〕

2.2　登録への道のり

2.2.1　登録基準と手続き

a．ラムサール条約湿地登録の基準

　湿地は多様な生物を育み，水鳥などの生息地として非常に重要であり，その保全は国際的にも大きな課題である．国際的に重要な湿地およびそこに生息・生育する動植物の保全とそれらの湿地のワイズユース（賢明な利用）を促進するため，ラムサール条約第 2 条では，各締約国は，その領域内の適当な湿地を，条約で定められた国際的な基準に沿って指定することとしている．基準は表 2.1 のとおり 9 つあり，指定する湿地は，そのいずれかに該当する必要がある．水鳥の生息地としてのみならず，漁業における重要性や，鳥類以外の生物の生息地としての重要性に関する基準も設けられている．基準の詳細は，ラムサール条約決議 XI.8 附属書 2（第 13 回締約国会議改訂版）に定義されている．

　指定された湿地は，条約事務局が管理する「国際的に重要な湿地に係る登録簿」に掲載され，国内では「ラムサール条約湿地」と呼ばれている．

b．日本における登録のための要件

　日本では，ラムサール条約湿地の登録にあたっては，表 2.2 のとおり，その湿地が国際的な基準のいずれかに該当する国際的に重要な湿地であることに加え，自然公園法や鳥獣保護管理法などの国の法律により将来にわたって自然環境の保全が図られること，また，関連する地方公共団体などから登録への賛意

表 2.1　ラムサール条約湿地の選定のための国際的な基準

基準	基準の内容
1	特定の生物地理区内で，代表的，希少または固有の湿地タイプを含む湿地
2	国際的に絶滅のおそれのある種や生態学的群集を支えている湿地
3	特定の生物地理区における生物多様性の維持に重要な動植物種の個体群を支えている湿地
4	動植物のライフサイクルの重要な段階を支えている湿地，または悪条件の期間中に動植物の避難場所となる湿地
5	定期的に2万羽以上の水鳥を支えている湿地
6	水鳥の1種または1亜種の個体群の個体数の1%以上を定期的に支えている湿地
7	固有な魚介類（魚，エビ，カニ，貝類）の亜種，種，科，魚介類の生活史の諸段階，種間相互作用，湿地の価値を代表するような個体群の相当な割合を支えており，それによって世界の生物多様性に貢献している湿地
8	魚介類の食物源，産卵場，稚魚の生育場として重要な湿地，あるいは湿地内外の漁業資源の重要な回遊経路となっている湿地
9	鳥類以外の湿地に依存する動物の種または亜種の個体群の個体数の1%以上を定期的に支えている湿地

表 2.2　日本におけるラムサール条約湿地の登録要件

要件	要件の内容
1	国際的な基準のいずれかに該当する国際的に重要な湿地であること
2	国の法律により将来にわたって自然環境の保全が図られること
3	地元自治体などから登録への賛意が得られること

が得られることを要件としている．

　条約の条文自体は法的担保を要件とはしていないが，決議 XI.8 附属書2においては，条約における湿地登録と国内政策の一致の重要性が述べられている．また，条約湿地の保全とワイズユースには，国や自治体だけでなく NGO や地域住民も重要な役割を担っているため，地元の賛意は欠かせない．

c.　登録のための手続き

　登録手続きを進めるにあたっては，まず，登録を検討している湿地の状態や周辺の自然環境について調査し，登録に必要な条件に合致しているかどうかを確認し，登録について住民や農林漁業者など関係者の合意を形成していくことが重要となる．そのうえで，地方公共団体による意思決定を行い，都道府県や市町村から環境省に登録の要請を行う．

　要請に応じ，環境省では，地方公共団体と連携しながら，主に次の作業を行

う．案件ごとに順番が前後することもある．

- 国際的な基準への合致の確認
- 登録予定区域の設定，地元による登録の意思の確認
- 国の法律などによる保護の担保の確認，必要に応じて，保護区の指定など国内手続き
- ラムサール条約湿地情報票（Ramsar Site Information Sheet: RIS）の作成・条約事務局への提出
- 条約事務局による RIS の確認作業

最終的に，国際的に重要な湿地に係る登録簿への掲載がなされたら，環境省より，地方公共団体へ報告する． 〔**環境省自然環境局野生生物課**〕

参考文献

・環境省（1980）：特に水鳥の生息地として国際的に重要な湿地に関する条約（ラムサール条約）日本語版．
・環境省（2020）：パンフレット「国際的に重要な湿地に関するラムサール条約」．
・ラムサール条約第13回締約国会議（2018）：ラムサール条約決議 XI.8 Annex 2（Rev. COP13）．

2.2.2　合 意 形 成

a. 登録の要件

日本では，登録のために3つの要件がある．一つは国際基準に合致していること，次に国内法による保全の法的担保，もう一つは地元の賛意である．

様々な理由で登録を目指すことになるが，その場合，登録によって本当にその目的が達成できるのか，登録以外の方法はないのかをよく検討する必要がある．登録は，活動のスタートでしかない．湿地の保全と活用の道具であり，その後の活動が続かないようでは登録しても意味がないからである．

b. 地元の賛意とは

地元の賛意とは，市長などが登録に賛成することであり，環境省に登録の要請をすることである．ただ，市長などがこうした行動をとるためには，議会の理解や関係団体の賛同など広く市民の理解が必要である．そうでないと市長などは賛意を示すことができない．

賛意の意思表示としては，議会での質問に対して答弁をするスタイルが多い．

そして，マスコミなどで紹介され一般市民が知ることとなる．

c. 合意形成の事例

1）ウトナイ湖（北海道苫小牧市）

ウトナイ湖は 1991 年 12 月に日本で 4 番目の登録地となった．ウトナイ湖は，日本野鳥の会が提唱した「サンクチュアリ」の第 1 号でガン・カモ・ハクチョウ類を中心とした日本でも有数な水鳥の中継地である．登録基準を満たしていることは認識していたが，登録を目指すことは当初考えていなかった．と言うのも「千歳川放水路計画」という北海道開発庁（現 国土交通省北海道開発局）が進める巨大治水事業がウトナイ湖近くで計画されており登録は無理と考えられていた．登録基準を満たす貴重な場所でも行政などによる開発計画がある場合は難しいことが多い．

あるとき，放水路問題に明け暮れていた筆者にこの問題に対応するためにも「ウトナイ湖の登録が大きく寄与するのではないか」とアドバイスをくれた方がいた．それから考えを変え登録への運動を始めた．まずは，地元の自然保護関係者に説明し賛同者を増やし，ウトナイ湖サンクチュアリ，日本野鳥の会苫小牧支部，苫小牧自然保護協会の連名で苫小牧市長宛に登録の要望書を手渡した．千歳川放水路は，洪水時に泥水を石狩川流域を超えて千歳川から苫小牧方面にもってくるというもので市長も慎重姿勢だった．そうしたこともありすぐに議会で登録を目指すことを表明してくれた．筆者が所属する日本野鳥の会としても環境庁（現 環境省）への要請や市民への学習会，パンフレットの作成など普及活動に取り組んだ．地元町内会からは開発ができなくなるのではと反対の意思表示が出たが，市長を先頭に説明し，日頃から筆者らレンジャーと交流があり，すぐに取り下げてくれた．

登録を受けて，ウトナイ湖湖畔には，環境省により野生鳥獣保護センターが建設された．観光面でも道の駅や展望台が造られるなどエコツーリズムの拠点となっている．道の駅は町内会関係者の出資で造られ，賑わいをみせている．一旦反対の意思表示をした町内会であるが，今は登録を歓迎している．

2）東海丘陵湧水湿地群（愛知県豊田市）

2003 年度から日本野鳥の会が，豊田市自然観察の森の運営に関わり，2004 年度に，地域内の矢並湿地をラムサール条約湿地に登録することを提案した．その後，毎年市民の意識向上のために，湿地やラムサール条約に関する学習会の

図2.1　合意形成の一プロセス
辻井達一先生が矢並湿地で地元の案内を受けている様子.

開催やパンフレットの作成をし啓発活動を続けた. しかし, 市の担当者は, もっと市民の意識向上が必要との考えで登録への動きは進まなかった. あるとき地元選出の八木哲也市議会議員（当時）に呼ばれ, 登録はどうなっていると聞かれた. 八木氏は地元選出議員で矢並湿地の草刈などの保全活動にも関わり, 関心が強い人であった. 市の理解が進まないことを伝えると与党議員団の団長でもあった八木氏の意向が働き, 党内の議員から市議会で登録を訴える質問が出た. 与党からの質問にゼロ回答とはいかず「前向きに検討をする」との市長答弁が出された. 登録の提案以降, 環境省の担当者に湧水湿地に関する論文や資料を送付したり, 直接登録の可能性について意見交換をしていたが,「矢並湿地」が登録基準を満たすか, わからないとの回答だった. 協議の中で専門家による評価が必要と理解した. そこで, 湿地や植物に造詣が深い専門家は, 当時環境省のラムサール条約関係の検討会の座長をされていた辻井達一先生しかないと判断した. 以前から面識があったこともあり現地視察の依頼をしたところすぐに北海道から駆けつけてくれた（図2.1）. 湧水湿地に大変関心をもってくれ, 登録基準を満たすのではないかと表明してくれた. その後は, 環境省の潜在候補地に入るなどし, 環境省, 豊田市などの尽力で上高湿地と恩真寺湿地を追加し, 2012年7月に東海丘陵湧水湿地群の名称で登録された. 〔**大畑孝二**〕

2.2.3 国際協力によるラムサール湿地登録・管理推進の社会的意義

a. 国際協力によるラムサール湿地登録の背景

本項は，2007年10月より5年間，マレーシアのサバ州において国際協力機構（JICA）の専門家として技術協力プロジェクトに従事した際の経験に基づく．本件では，多様な生態系を持続的かつ順応的に管理するための社会的仕組みを環境ガバナンスと位置づけ，セクター横断的に複数の組織間連携を強化し，合意形成を図りつつ環境保全対策を進める体制づくりを目指した．その実務的方法として，広域生態系を国際的枠組みに登録し，環境管理活動を支援・促進する過程で組織間連携を定着させるアプローチを採用した．この基本的な考え方が，次に解説するロワーキナバタンガン−セガマ湿地のラムサール条約登録支援に至る背景である．一般に，組織間の規模や権限の差を超える連携を働きかけるには，政治経済・文化に起因する諸事情とは距離をおき，問題への本質的対策について中立的立場から支援できる国際協力事業が効果的である．ここに示す湿地登録と管理計画の作成過程は，「ラムサール条約のワイズユース」とも位置づけられるのではないか．

b. 湿地登録の目的

サバ州天然資源庁に赴任し，州の土地利用図を自室の壁に掲げ，「自然環境に関係する諸機関をどのようにまとめるべきか」につき悶々と考える日々が始まった．関係諸機関を訪問し情報交換を行う中で，環境保全と開発がせめぎ合っている地域には，セクター間連携に取り組む大きな可能性があると気づき，環境ガバナンス強化の足掛かりとしてサバ州東部沿岸部湿地のラムサール条約湿地登録に取り組むこととした．この地域にはサバ森林局および野生生物局管轄の保護区が数多く指定されている一方，周辺には大規模オイルパーム植林が広がり，パームの搾油工場からの廃液が世界的に有名なサンゴ礁の海域「コーラル・トライアングル」（図2.2）への脅威となっていた．広域生態系保全対策として，絶滅危惧動植物の分布などラムサール条約湿地の登録基準を確実に満たす森林局指定の保護区（約8万ha）を対象に，まずは迅速かつ戦略的に湿地登録を果たす．次に十分な時間をかけ，参加型手法を用いてセクター横断的に上流部のパーム植林地を含む「ラムサール湿地管理計画」を策定し，具体的な活動を推進することで，多様な利害関係者を巻き込みつつ組織間連携の強化を図るという全体構想を描いた．

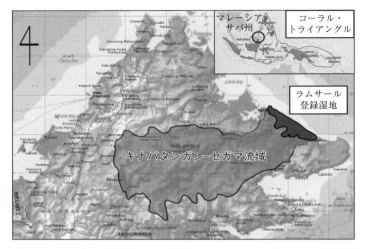

図 2.2　ラムサール登録湿地とその流域，コーラル・トライアングル位置図
（BBEC II Secretariat（2012）：Completion Report on the Bornean Biodiversity
and Ecosystems Conservation（BBEC）Programme in Sabah, Natural Resources
Office. コーラル・トライアングル・イニシアティブ（http://ctatlas.coraltriangleini
tiative.org/））

c. 湿地登録のための合意形成プロセス

　サバ州最大組織の一つである森林局を中核機関として登録申請すると参加型
による組織間連携強化支援とはなりにくいと考え，まず複数の関係諸機関から
なる湿地登録委員会を設置し，生物多様性の保全を目的として組織間調整を所
掌するサバ生物多様性センター（SaBC）をその代表機関とした．条約登録後の
湿地管理履行責任に気後れする関係者に対し，豊かな自然という特性を活かし，
サバ州ならではの国際貢献を果たすことの意義と重要性について粘り強く説明
するとともに，関係者の士気を上げる対策としてラムサール条約第 10 回締約国
会議（COP10）での登録という明確な短期目標を掲げ，集中的に取り組んだ．
その結果，2008 年 1 月からの 10 カ月間でサバ州第 1 号のラムサール湿地登録
に漕ぎつけた（表 2.3）．

d. 湿地管理計画策定のための合意形成プロセス

　2009 年 5 月，プロジェクトによる支援のもと，SaBC による組織間調整を経
て関係諸機関を森林局本部に集め 3 日間のワークショップを開催し，ラムサー
ル湿地管理計画策定作業を開始した．ワークショップでは，ヘリコプターとボ

表 2.3 ロワーキナバタンガン–セガマ湿地ラムサール条約登録までの道のり

2008 年	ボルネオ生物多様性・生態系保全プログラム フェーズ 2（BBEC II）による主な湿地登録支援活動
1 月	第 1 回ワークショップ：天然資源庁，土地局，森林局，野生生物局，公園局，環境保護局，農業局，灌漑排水局，公共サービス局，漁業局，科学技術室，サバ基金，世界自然保護基金（WWF）を招き，サバ州第 1 号ラムサール湿地登録に関する説明および意見交換．
2 月	森林局本部ワークショップ：サバ州東部に広がるマングローブ林保全の意義とラムサール湿地登録の便益について解説．
3 月	第 2 回ワークショップ：関係諸機関に対し，ラムサール条約登録の意義を解説．
4 月	BBEC II の活動として，登録申請書（Information Sheet on Ramsar Wetlands：RIS）の作成支援を開始．
5 月	・サバ生物多様性センター（SaBC）が新設され，同センターを代表とするラムサール湿地登録委員会を設立． ・第 3 回ワークショップ：関係省庁を招待し，ラムサール登録湿地候補地について協議，合意形成を図り，森林局管轄の保護区（図 2.2）を候補地として決定．ワークショップの一環として，参加者全員（約 30 名）で登録候補地を視察．
6 月	・第 4 回ワークショップ：湿地登録委員会主催による関係諸機関との RIS 作成協議． ・アジア湿地シンポジウム参加：ベトナムにて開催されたアジア湿地シンポジウムに委員 6 名を派遣し情報収集．
7 月	・サバ州閣議承認：ラムサール湿地登録に対し，サバ州の閣議承認を得る． ・マレーシア連邦政府へ登録申請依頼：SaBC，天然資源庁，JICA 専門家が湿地登録委員会を代表し，マレーシア天然環境資源省を訪問し RIS を手渡す．
8 月	ラムサール湿地登録申請：マレーシア連邦政府よりラムサール事務局への登録申請．
9 月	ラムサール条約事務局アドバイスを受け，登録申請書の微修正作業を支援（SaBC への技術支援）．
10 月	ラムサール COP10 にて，SaBC 局長がサバ州を代表して登録証（No. 1849）を受領．

ートを利用した現地視察を交え，湿地管理方法について徹底的に議論し，ラムサール湿地のみでなく，湿地上流部（約 200 万 ha）および沿岸域を含む包括的管理計画を策定する方針について合意した．広大な生態系管理を要することから，作業を効率的に進めるため，政府関係諸機関の所掌を勘案したうえで，湿地内の管理計画を担当する 11 機関と湿地上流の土地管理を計画する 16 機関に分け，さらに SaBC をリーダーとしてすべてを統合する包括グループを設定した．

　計画策定グループの設置から約 2 年にわたり各グループにて協議を重ねた結果として，ロワーキナバタンガン–セガマ湿地管理計画（Vol. 1）および環境教育キット（Vol. 2）を完成させ，サバ州閣議の承認を得た[1]．湿地管理計画（Vol.

1）は，①ラムサール湿地が陸域と海域をつなぐかたちで，②上流域の林業ゾーンから中流域の③オイルパーム・ゾーン，④村落利用ゾーン，⑤漁業ゾーンに設計・区分し，ゾーンごとに管理活動を計画した．環境教育キット（Vol. 2）は，カエルのキャラクターがキナバタンガン川の流れに乗って，最上流部からサンゴ礁コーラル・トライアングルの海域まで移動しつつ，ヒトの活動とともに環境がどのように変化するかについて解説するというビデオ教材である．本管理計画はサバ州政府閣議によって承認されたことから，州政府自ら実施すべき計画となった．

e.　SDGs 達成に向けて

豊かな湿地を後世に引き継ぐには，水源や湿地周辺の環境はもとより，そこに暮らす人々の生活にも目を向ける必要がある．したがって，SDGs の目標 14（海洋保全）や目標 15（陸域保全）にとどまらず，持続的な漁業や観光への支援を通し，貧困削減の一環として住民の生計向上に取り組むことも大切である（目標 1）．これらの目標の達成にはパートナーシップの強化（目標 17）が必須であり，SDGs の達成は，組織間連携が実質的にどこまで達成できるかにかかっているのではないか．　　　　　　　　　　　　　　　　　　　　　　〔長谷川基裕〕

引用文献

1) Sabah Biodiversity Centre (2010): Lower Kinabatangan-Segama Wetlands Ramsar Site Management Plan, Volume 1: Management Plan, Sabah State Government.

参考文献

・BBEC II Secretariat (2012): Completion Report on the Bornean Biodiversity and Ecosystems Conservation (BBEC) Programme in Sabah, Natural Resources Office.
・コーラル・トライアングル・イニシアティブ.
 http://ctatlas.coraltriangleinitiative.org/（参照 2023 年 1 月 17 日）

2.3　保全・活用計画

2.3.1　佐潟の保全とワイズユース（賢明な利用）

a.　佐潟の概要

佐潟は 1996 年に全国で 10 番目となるラムサール条約湿地に登録された湿地であるが，新潟県新潟市西区に位置し，小さな上潟と大きな下潟の大小 2 つの

湖沼から成り立っている．越後平野では，昔から湖沼のことを総称して潟と呼んでおり，本市では佐潟のほかにも福島潟，鳥屋野潟といった様々な潟があるが，佐潟は昔から人が深く関わる里潟として，潟を利用しながら保全してきた歴史がある．

　佐潟は，東アジア地域におけるガンカモ類の渡りルート上に位置し，水鳥にとって重要な生息地となっており，1981 年には国指定の佐潟鳥獣保護区として鳥獣の保護が図られてきた．鳥類のほかにも，本市が自生の北限となっているオニバスをはじめとした様々な動植物が生息・生育し，多様な生き物による生態系が形成されている．

　現在は，まち歩き・砂丘歩きや小・中学校をはじめとした総合学習の場として利用され，地域のコミュニティや市民団体が中心となって保全活動を進めている．

b. 佐潟周辺自然環境保全計画

　佐潟がラムサール条約湿地に登録されたことを機に，本市では保全と利用の両立を目指し，2000 年に「佐潟周辺自然環境保全計画」を策定した．この計画では，生物種・生息地の管理，ワイズユース（賢明な利用）の方針を打ち出し，それに伴う行動の進行管理を行ってきた．

　計画策定後，地域の方々が積極的に湿地に関わることを目的として，2006 年に計画が改定された（第 2 期計画）．計画改定後の 8 月には，地域住民をはじめとして地元で活動する団体，環境団体，各分野の有識者，国や県といった行政からなる「佐潟周辺自然環境保全連絡協議会」（以下，協議会）が設置された．協議会は，佐潟の自然環境保全とワイズユースの推進に向けて毎年定期的に協議を行っており，2022 年現在も継続されている．

　本市では，2012 年に「にいがた命のつながりプラン―新潟市生物多様性地域計画―」が策定され，本市全体の自然環境保全のあり方を明示するとともに，本市にある潟を人との関わりの深い場所として「里潟」とする考え方が示された．本計画でもこの考え方を取り入れ，2014 年に 2 回目の計画改定が行われた（第 3 期計画）．この里潟の考え方のもとで積極的に人の手を加えながら保全を推進する取り組みが行われ，大型機械を用いた浚渫事業やヨシ刈り面積の拡大，水田を耕作する際に，かつて造られた水路である「ど」を新たに復元することなどを協議会において議論しながら進めてきた．

c. 第4期佐潟周辺自然環境保全計画と進行管理

第3期計画では，計画期間をおよそ5年間としたため，2019年に3回目の計画改定が行われた（第4期計画）．本計画の改定時には，それまでの取り組み内容を評価して取りまとめているが，第4期計画の第1章では，第3期計画における取り組みの成果が記載されている．

第4期計画では，市民が考える2050年の「佐潟の将来像」をイラストで表現し，目標とするイメージがわかりやすく示されている．また，環境，経済，社会のそれぞれがからみ合う地域課題を解決するために，持続可能な開発目標（SDGs）の視点も加え，さらに，地域の新たな活動内容を紹介するなど近年の取り組みを反映させた計画となっている．

本計画は，先に述べたとおり進行管理を毎年行い協議会で共有してきた．第4期計画も従来同様に毎年進行管理を行い，協議会に報告するとともに，その内容は本市のホームページに掲載している．

d. 佐潟のこれから

近年の佐潟は，水質の悪化がみられ，下潟では夏の風物詩であったハスの消失が大きな問題となっている．現在，地域コミュニティや地元の市民団体が地域の小学校と連携し，ハスの復活に取り組んでいる．上潟では佐潟本来の姿がかろうじて保たれており，下潟も上潟同様の風景が復元されるよう，市も応援しながらハス復活のプロジェクトが進められている．　　　　　　〔小林博隆〕

2.3.2　佐賀市の事例

a. 東よか干潟の特徴

2015年にラムサール条約湿地に登録された佐賀県佐賀市の東よか干潟は，九州北西部に位置する有明海沿岸の泥干潟である．

川の流れによる堆積作用と，入口が非常に狭く細長い独特な形の湾から形成された沖積低地が広がり，日本の干潟の約4割を有する有明海につながる．有明海最奥部にある東よか干潟には，ムツゴロウをはじめとした泥干潟特有の多様な生物が生息するとともに多くの野鳥が訪れ，特にシギ・チドリ類の渡来数では日本一を誇る．また，有明海沿岸の干潟には多くの塩生植物が生育し，中でも秋の紅葉が美しいシチメンソウは東よか干潟が国内最大の群生地となっている．

b. 東よか干潟環境保全及びワイズユース計画

この地域では, 1990 年代からシチメンソウ保全のためボランティアによる海岸清掃活動が行われており, ラムサール条約登録の際には, 地元まちづくり協議会などを中心に, 関係者が連携して地道で熱心な活動が積み重ねられてきた.

本市では, このかけがえのない豊かな自然環境を, 郷土の, そして世界の財産として守り, 未来へ引き継ぐとともに, 観光, 教育, 研究, 交流の拠点となることを目指し, 関係者が相互に連携・協力しながら環境保全とワイズユースを進めるための指針となる「東よか干潟環境保全及びワイズユース計画」を策定した.

計画では,「未来につなぐ 湿地と私たちの持続可能な暮らし」を目指すべき将来像とし, ラムサール条約の理念である湿地の「保全・活用」と「ワイズユース」そしてこれらを支え, 促進する「交流・学習」の 3 つの柱を軸に取り組みを進めていくこととしている.

c. 具体的な取り組み

この計画をもとに実施している主な取り組みを表2.4に示す. 中でも 2020 年に開館した東よか干潟ビジターセンター「ひがさす」の役割は大きい. ここでは, ボランティアガイドや日本野鳥の会などの団体の活動拠点だけでなく, いつでも東よか干潟について知ることができる学びの場と干潟を楽しむ憩いの場を提供している.

ビジターセンターでは小さな子どもも楽しめる, 干潟の生物や野鳥, 潟泥にちなんだワークショップを毎日開催し, 土日には子どもを中心とした体験教室を実施することで, 来訪経験がない層の興味・関心を高め東よか干潟を知る入

表 2.4 東よか干潟環境保全及びワイズユース計画をもとにした主な取り組み

保全・再生
海岸清掃活動, 定期的な生態系モニタリング調査の実施, 海岸漂着物による干潟の動植物への影響の調査
ワイズユース
ボランティアガイドの充実, バードウォッチングをはじめとした体験活動の充実, 市内観光地との連携, 農水産業ブランドの確立（シギの恩返し米）, 地元産品を使った新商品開発の推進（東よか干潟ワイズユース補助金の活用による）
交流・学習
ビジターセンター整備, 東よか干潟ラムサールクラブの運営, 自然観察会の開催, 小中学校等の学習支援, 年齢・知識・興味に応じた教育プログラムの充実

表 2.5　ビジターセンターの主なイベント

ワークショップ
・がたぬりえ：潟泥を絵の具としてぬりえを行い，潟泥の特徴を知る．
体験教室「ひがさす Field School」
・プラゴミでアート⁉：漂着プラスチックゴミを使って作品を作り，プラスチックゴミについて考える．
・むつごろうの大好物：ムツゴロウなどが食べているケイソウの顕微鏡観察やクロロフィル抽出を行う．
・「身近な生きもの」観察会：後背地の淡水生物の多様性を知る
・星空観察会：広大な干潟を活かした星空観察会
大人向け講座「東よか干潟交流塾」
・日本一の佐賀海苔はこうやって作られる
・コロナ後の有明海を考える〜有明海再生・創生に向けた課題と解決策を探る〜
イベント
・シギチフェス
・夕暮れコンサート
・ひがさす秋祭り

東よか干潟ビジターセンター「ひがさす」ウェブサイト（https://www.higasasu.city.saga.lg.jp/）をもとに作成．

口を広げるとともに，詳しく知りたい方への大人向け講座を NPO 法人の協力を得て行うなど，年齢や知識など様々な要望に対応したイベントを開催している（表2.5）．

　また，事前予約によるボランティアガイドの利用は年間 10 数件であったが，ビジターセンター開館後の 2021 年度は 55 件に増加した．年に数件だった学校団体のガイド利用も 30 件に増加し，見学とともに清掃活動など SDGs の観点を取り入れたプログラムを実施している．今後も高校生向けの体験学習など，対象者に合わせたプログラム開発が必要である．

　佐賀平野では 400 年もの昔から水路を張りめぐらし，干拓を行い，自然環境を上手に利用し水辺の恵みを持続して得られるよう努めてきた．これからも，東よか干潟に親しみをもち，少し意識して生活をしてもらえるような取り組みを続けることが未来へとつなげる一助となると考える．　　　　　〔中島妙見〕

2.4 湿地自治体認証

2.4.1 制度と要件・手続き，認証によるメリット

a. 湿地自治体認証ができるまでの経緯

2015 年，ウルグアイのプンタデルエステで開催されたラムサール条約第 12 回締約国会議で採択された決議 XII.10 により，任意の湿地自治体認証制度の設立が承認された．設立までの経緯は以下のとおりである．

2008 年の第 10 回締約国会議で採択された決議 X.27「湿地と都市化」では都市内と周辺部の湿地およびそのワイズユース（賢明な利用）の重要性が強調され，次第に都市の湿地に目が向けられるようになった．

2012 年の第 11 回締約国会議に提出された資料（Info.Doc）では，世界人口の 5 割以上が都市に居住しており，年 4％の割合で増加していること，湿地の開発による直接的な損失や水需要の増加などにより，湿地への脅威が増大していることを指摘している．同会議で採択された決議 XI.11 で，湿地自治体認証スキームの検討が要請された．同決議では，このスキームは湿地と良好な関係にある自治体のブランド化の機会にもなると述べられている．

この決議を受けて検討が進められ，冒頭のとおり，決議 XII.10 で湿地自治体認証制度の設立が承認された．同決議では，都市化による湿地への影響が増大する中で，都市や都市周辺部の湿地が，生物多様性や都市生活の質の確保のために重要であること，湿地教育センターやガイドツアーなどを通して，湿地保全に関する教育や普及啓発の大きな潜在力を都市地域は有すること，湿地のワイズユースや保全，SDGs など他の持続可能な開発に関連するイニシアティブについての認識を向上させ，支援を集めるうえで，この制度は助けとなりうることが述べられている．

b. 湿地自治体認証のための国際基準

2022 年の第 14 回締約国会議で採択された決議の附属書で，湿地自治体認証のための国際基準として表 2.6 の 6 点が示され，いずれの基準も満たすこととされている（湿地のラムサール条約への登録では，9 つある国際基準のうち 1 つでも満たせばよいこととなっている）．

表2.6　湿地自治体認証のための国際基準

1) 自治体に生態系サービスを提供している，1つ以上のラムサール条約登録湿地または他の湿地保護地域が，自治体の管轄区域内に存すること
2) 湿地とその生態系サービスの保全方策を採用していること
3) 湿地の再生・管理方策を実施していること
4) 領域内の湿地に対する統合的空間・土地利用計画の課題・機会を考慮していること
5) 湿地の価値に関する普及啓発を行い，地域のステークホルダーが意志決定に参加できるようにしていること
6) 湿地に関する適切な知見と経験を有し，ステークホルダーが参加する現地委員会が設立され，自治体認証の申請や自治体の取り組みの質を保つための適切な方策の実施を支援していること

表2.7　認証に向けたスケジュール

COP直後	・COP直後のSC会合でIACの新たなメンバーを選出
COP翌年	・前COPから6カ月以内に条約事務局は新たな認証および更新を受けようとする自治体の募集開始 ・認証を受けようとする自治体は応募書類を各国の行政当局に提出
COP2年後	・各国の行政当局は応募書類を条約事務局に送付 ・条約事務局はそれをIACに送付
次COP開催年	・SC年次会合の3カ月前までに，IACは応募書類を検討し，認証または更新すべき自治体を決定 ・SC年次会合でIACの報告を受け，認証（更新）すべき自治体を確認 ・COPにおいて認証授与式を開催

COP：締約国会議，SC（Standing Committee）：常設委員会（世界各地域の代表で構成），IAC（Independent Advisory Committee）：独立諮問委員会.

c.　認証に向けたスケジュール

　第14回締約国会議で承認された認証に向けたスケジュールは表2.7のとおりである.

d.　湿地自治体認証の現状とメリット

　2018年，ドバイで開催された第13回締約国会議では，7カ国の18自治体が認証された. また，2022年，ジュネーブで開催された第14回締約国会議では，新潟市，出水市を含む13カ国25自治体が認証された. なお，認証は6年間有効で，更新が可能である. 現在，ラムサール条約東アジア地域センター（RRC-EA）が事務局的業務を行っており，認証を受けた自治体が一堂に会するラムサール湿地自治体会議を開催し，認証を受けた自治体の交流の場が提供されている.

　都市の湿地の重要性が認識されつつあるが，都市の湿地はラムサール登録の国際基準を満たすのは難しい場合が多く，ラムサールという国際ブランド下に

あるこの湿地自治体認証制度はそれを補完するものとして，都市の湿地が注目される機会となりうる．

また，ラムサール条約登録湿地が個々の湿地の評価であるのに対し，この制度は，自治体による湿地の保全・再生，ワイズユース，それを活用したCEPAの取り組みなど，自治体がその領域内にある湿地といかによい関係を構築しているかを評価するものである．　　　　　　　　　　　　　　　　　〔名執芳博〕

2.4.2　越後平野のラムサール条約湿地自治体認証

a. 越後平野の特徴と現状

越後平野は，日本海に面して本州のほぼ中央にあり，信濃川，阿賀野川などによって形成された約2000 km^{2}の沖積平野である．海岸沿いの一大砂丘に遮られ，かつて河口は信濃川と北の荒川の2つしかなかった．また日本海は，対馬海峡や津軽海峡などの海峡が狭く浅いために，干満の差が大潮時でも0.3 mほどしかない．干満差がないと，低平な大地の中の水は動きようがなく酸欠状態となっていた．

越後平野はこうした条件下で無数の潟がある強低湿地帯であった．しかし，この低湿地帯は渡り鳥や魚類，植物などの生物多様性に富み，それらが住民の生業を支えていた．新潟県は明治時代には約170万人と全国一の人口を擁していたが，それがその一因であったといえる（2021年の新潟県人口は約217万人）．

現在は，18本の放水路が造られ，河口は20となり，排水ポンプ群を設置して潟群を干拓し，鳥屋野潟や福島潟などの水面は海面下に押し下げられ，大地の中に水の動きをつくり，酸素を供給するとともに，乾燥化させてきた．その結果，越後平野は穀倉地帯となり，約80万人の政令指定都市・新潟も形成された．かつては無数に存在していた潟も，現在は16潟を数えるに過ぎない．

越後平野は一大稲作地帯となったが，現実にはその川や排水路は直立の鋼矢板やコンクリート護岸で固められ，用水路はパイプ化され，除草剤が散布され，生物がほとんど生息できず，自然と人との共生が難しい状況におかれている．

b. 越後平野の自然復元とラムサール条約湿地自治体認証の資格

越後平野は，上述のように自然との共生が難しい状況にあるが，自然復元の兆候がみられる．その最初は1996年の佐潟（図2.3）のラムサール条約への登録である．佐潟は都市公園として整備されていたが，ラムサール条約に登録さ

図2.3　越後平野の潟群の位置関係（ラムサールカルテット）（佐藤安男・小川龍司，2010
に加筆）

れてからはワイズユースに配慮した整備に方針転換された．ちなみに，新潟市
ではないが，阿賀野市の瓢湖（図2.3）も2008年にラムサール条約湿地に登録
され，近接して2つの登録湿地が存在している．

　上堰潟（図2.3）は，実は干拓が途中で中止されヨシ原となっていたが，2001
年に掘削して公園として復元された．この水面標高はかつて約6mであったが，
現在は約3.5mである．越後平野の潟群は現在では水門によって海と遮断され
ているが，この潟は川を通じて海とつながっており，鮭の遡上が見られる．こ
こも自然復元を意識したわけではなかったが，結果として自然復元されたので
ある．

　福島潟（図2.3）は，水面標高はポンプで排水して−0.7mと日本海（標高約
0.5m）より1m以上低く設定されている．ここの治水は複雑で，洪水時には潟
の水位を標高1.7mまで高め，福島潟放水路を使って洪水を自然流下させる．
そのため潟の周囲に堤防を築く必要があり，2030年頃の完成を目標に堤防が造
られている．この堤防の位置選定にあたって，江戸時代に水田であった約80ha
を潟に戻している．日本の歴史は湿地とみれば水田にしてきたが，それを潟に
戻すという，歴史を180度転換させる施策がとられているのである．

　この福島潟と鳥屋野潟は環境省からラムサール条約登録湿地の潜在候補地と
して選定されている．これらが登録されると，越後平野の登録湿地は4つにな
る．これらの潟群はハクチョウやオオヒシクイなどの塒であるとともに，周辺
の水田地帯は落穂などによる採餌場となっており，冬季の日中は越後平野全域

にハクチョウなどが展開している．2019年，新潟市では潟の保全整備を目指す市民団体が連携して「里潟研究ネットワーク会議」を結成し，越後平野全域の湿地保全が図られている．新潟市は2022年にラムサール条約「湿地自治体認証」されたが，湿地自治体に十分ふさわしい都市であると考えている．

〔大熊　孝〕

2.5　国内ラムサールサイト紹介

2.5.1　有明海の環境保全からSDGsの目標達成を目指す

a.　ラムサール条約登録湿地「肥前鹿島干潟」

佐賀県鹿島市は，佐賀県の南西部に位置し，市域東部は広大な有明海の干潟が広がっている．その中の一つ「肥前鹿島干潟」は，東アジアにおけるシギ・チドリ類の重要な渡りの中継地，および越冬地になっており，国際的に重要な湿地として，2015年5月にラムサール条約湿地として登録された（図2.4）．

この登録を契機に，2016年に産・官・学の市内各団体で組織される鹿島市ラムサール条約推進協議会が発足し，有明海の保全・再生に向けて，同条約の3つの目的である「ワイズユース（賢明な利用）」，「保全再生」，「交流学習」の推進から地域循環共生圏づくりを目指して活動している．

b.　有明海の現状

有明海は豊かな海の恵みを育み，鹿島付近では「前海」と呼ばれる沿岸部で

図2.4　上空から見た「肥前鹿島干潟」（環境省提供）
黒枠がラムサール条約登録地．沖に海苔網が広がっている．

図 2.5　大雨後，登録湿地に流れ着いた流木とゴミ（鹿島市提供）

漁業を行い生活していた．しかし，食生活，生活スタイルの変化により，現在では特別な機会がないと干潟に入らない状況であり，徐々に有明海，干潟への市民の関心が薄れてきている．そのうえ，毎年の大雨災害により，有明海の環境も年々悪化し，大雨による貧酸素水塊の発生，土砂災害による流木の被害などで，干潟の生き物の生息地が脅かされている（図 2.5）．

c.　「すべては有明海のために」集まった仲間たち

　そのような中，鹿島市とラムサール条約推進協議会では，「有明海の保全のために何かをしたい」という企業の方の声を受け，2020 年に有明海の環境保全から SDGs の目標達成を目指す連携協定締結やパートナー制度を確立（佐賀県内5 行の金融機関，佐賀銀行とそれぞれ連携協定を締結．それとは別に活動に賛同し協働してくれる「肥前鹿島干潟 SDGs 推進パートナー」（80 社）がいる）した．この取り組みに賛同してくださった様々な立場の方がプラットフォームとして集い，「有明海の環境保全」に対する課題解決に向けて活動を行っている．その活動の一つ一つに鹿島市独自の環境評価を行い，そこに ESG 金融を取り込むなど，環境と経済を回すこの仕組みは「鹿島モデル」と呼ばれ，高い評価を受けている．また，そこで出た利益の一部は有明海の保全に回され，すべての活動が有明海につながる仕組みとなっている．

d.　今後の展望について

　ラムサール条約登録湿地「肥前鹿島干潟」は，20 年ほど人が入ったことがなかったが，2021 年に前述のパートナーの協力により，一般の方が干潟に入ることができた（潟を踏もうぜプロジェクト；〈e〉図 2.1, 2.2）．これにより干潟の

泥質の状態が改善された報告もなされており，今後市民と協働でできるプロジェクトとして継続していく予定である．登録地から 10 km ほど離れた七浦海岸では市内全小学校で行う環境教育プログラム（〈e〉図 2.3）のほか，毎年潟の上の運動会「ガタリンピック」が行われているが，このプロジェクトも人と干潟をつなぐ事業として継続し，干潟の保全につなげていきたい．　　　　〔江島美央〕

2.5.2 「ほとりあ」の外来生物活用「食べて環境保全」プロジェクト

a. 池のほとりの休耕田の湿地再生

ラムサール条約登録湿地「大山下池」のほとりにある鶴岡市自然学習交流館「ほとりあ」は，2012 年に休耕田の湿地再生活動の学習交流の拠点として，自然を愛する人が多く集まるようにとの願いが込められ開館した．

施設では「まもる・まなぶ・つかう」の 3 つの視点を活動の柱に，長年，休耕田であった環境に多様なステークホルダーが積極的に関わることで，湿地再生の 2 つの課題である①自然遷移（陸地化）と②外来動植物の増加を解決し，かつて庄内平野に広がっていた湿地環境の再生を目指している．また，活動を進める中で，希薄になった人と湿地環境との関係が再構築を図れるように幅広い年齢層や多様な目的をもった人が活動に参画できる仕組みづくりを意識している．

b. 食べて環境保全プロジェクト

湿地再生の課題の一つに外来動植物の増殖があり，全国同様，本地域でも大きな課題になっている．特に大正時代に米国から食材として持ち込まれたウシガエルと，昭和期初期にその餌として持ち込まれたアメリカザリガニ（以下，ザリガニ）は，食材として利用されなくなったことから飼育放棄され，その数を増やし，在来動植物の捕食など生態系に影響を与えている．施設では，毎年ウシガエル約 1000 個体，ザリガニ約 1 万 5000 個体の駆除を行い，年度や地点ごとの駆除数，体サイズ，胃食性などを調べている．また，施設の玄関には回収ボックスを設置し，総合学習やザリガニ釣りなどで捕まえた外来生物も回収し資源として活用している．

2013 年からは外来生物の駆除活動や外来生物料理，解剖実習を体験する「いのち学」を開催し，多くの参加者とともに外来生物を通して生き物の「いのち」について考えている．2014 年度からは，本来の外来生物の導入目的である食材

図2.6 駆除効果と課題解決の結果，生まれたアメリカザリガニ粉末「ざりっ粉」

図2.7 地域のラーメン店と共同で開発した「ざりっ粉パイタンらーめん」

として活用することを目的に，駆除した個体を市内のフランス料理店などに提供する外来生物活用「食べて環境保全」プロジェクトを始めた．もともと，ウシガエルはフランス料理の食材，ザリガニはエビの味がすることもあり，料理店でも話題のメニューになっている．また，これまでの駆除効果によるウシガエルの駆除数の低下やザリガニの体サイズの変化，飼育にかかる負担軽減のため，保存と加工が可能なザリガニの粉末を地域の食品加工会社に協力をもらい開発した（図2.6）．ザリガニの粉末化は，多くの人にとって外来生物が日本に導入された経緯や戦中戦後という当時の日本社会を知る機会にもなっている．また，粉末化は料理という新たな関わりの入口をつくり，食を通じて環境保全に参画するステークホルダーの獲得にもつながった．

c.　地域の力で環境問題を解決

施設では，人が湿地と関わるための多様な入口づくりを意識し，事業を展開している．事業の推進には自然環境分野以外の異分野の協力が必要であり，地域にどのような人や企業，歴史文化があるのかという社会資源を調べることも重要である．2021年には地域のラーメン店に協力をもらい，山形のソウルフードであるラーメンと外来生物を組み合わせた商品を開発し，店舗にて期間限定で販売した（図2.7）．また，地域の授産施設にはザリガニ粉末を活用した煎餅の製作をお願いし，産直での販売も始まった．地域の多様なステークホルダーの参画は，多くの人が施設以外の場所でリーズナブルな価格で「食べて環境保全」に参加できる結果となった．

このように環境問題を解決するためには，事業を推進する当事者が自然環境

も地域の資源の一部と認識し，地域の力でこの問題を解決することを意識することが大切である．そのためには，多様なステークホルダーを事業に引き込むためのワクワクした感情，つまり楽しさの共有やそれぞれが抱える課題を協働することで同時に解決を図ることが重要である．このことは，人が関わり続けないとその環境を維持できない湿地環境の再生活動に取り組む際にも重要な視点である．そして，私たち施設には常に人が湿地環境と持続的に関わりたいと思う新しい多様な入口づくりを提供することが求められている．　〔上山剛司〕

2.5.3　立山黒部アルペンルートの観光資源：立山弥陀ヶ原・大日平

a.　立山弥陀ヶ原・大日平の登録湿地の特性

2012年7月に，立山弥陀ヶ原・大日平の標高1600〜2100 mに位置する574 haがラムサール条約登録湿地となった．広大な面積を誇る雪田草原である弥陀ヶ原・大日平と，豊富な水量を誇る称名渓谷と称名滝からなっている（図2.8）．

過去の火山活動によって形成されたなだらかな火砕流台地上に広がり，亜高山性の寒冷な気候と豪雪，豊富な水，さらに強風の影響を受けて成立した特徴ある湿地である．群馬県芳ヶ平湿原群（標高約1200〜2160 m）に次いで，国

図2.8　立山弥陀ヶ原・大日平の全景（富山県立山カルデラ砂防博物館提供）

内で最も高所にある登録湿地の一つとなっている.

b. 湿地利用の取り組みと SDGs

　弥陀ヶ原・大日平一帯は中部山岳国立公園特別保護地区に指定され厳正に保護されている.　一方, 1971 年に立山黒部アルペンルートが開通しアクセスが容易になったことから,　弥陀ヶ原・大日平においても一般観光客の散策などが活発に行われていて,　利用と保全のバランスについての課題解決が求められている地域でもある.

　このような課題について考えるとき,　SDGs がラムサール条約湿地の保全・活用と深く結びつく.　特に SDGs の 17 の目標のうち,　目標 15（陸上資源）は陸域生態系の保護・回復・持続可能な利用の促進などを目指すものであり,「水辺」の視点から貢献することが期待される.　また,　近年の気候変動により湿地の環境も大きく変動している.　高山湿地の気候や動植物のモニタリング調査を実施することも,　目標 13（気候変動）の達成に通じる.

c. 弥陀ヶ原・大日平での湿地活用事例

　ここでは,富山県立山カルデラ砂防博物館で実施している自然観察会を例に,弥陀ヶ原・大日平でのラムサール条約登録湿地の利活用について紹介する.

　博物館では,学芸員らのガイド解説のもと,実際に立山山岳地域を訪ねる「フィールドウォッチング」事業を年間 10 回程度開催している.　その中で「弥陀ヶ原台地と称名滝展望」,「弥陀ヶ原とカルデラ展望」,「秋の称名滝と常願寺川探訪」の 3 回は,　ラムサール条約登録湿地の弥陀ヶ原・大日平を訪ねるものである（図 2.9）.

図 2.9　フィールドウォッチングの様子（弥陀ヶ原）（富山県立山カルデラ砂防博物館提供）

開催にあたり，SDGs の目標 15 や目標 13 に留意した点などを紹介する．弥陀ヶ原の湿地の保全を意識するためには，その自然の価値を理解する必要があり，そのために弥陀ヶ原台地の成り立ちや気候の特異性などについての解説を心がけている．弥陀ヶ原台地は，今から 10 万年前に立山カルデラに存在した火山（弥陀ヶ原火山）の大噴火で噴出した火砕流の堆積物（溶結凝灰岩）からできている．称名滝や称名渓谷では，台地の厚さを見ることができ，500 m 近い厚さの火砕流堆積物から噴火のすさまじさが実感できる．湿地の基盤になるゆるやかな勾配の広大な台地は，火山によりつくられたのだ．

さらに，立山一帯は世界的な豪雪地帯として知られている．博物館の調査によると，弥陀ヶ原の冬期の最大積雪深は 5 m を超え，これを水に換算すると冬期降水量は 2500 mm に達することがわかった[1]．ゆるやかで広大な台地とそこに積もる膨大な量の雪の存在が，独特の雪田草原である弥陀ヶ原・大日平の湿原を生んだ．湿地とともに，火山のあった立山カルデラや，豊富な水により侵食された称名滝をめぐることにより，弥陀ヶ原の価値に対する理解をより深めることができる．さらに，最近の気候変動により積雪量や動植物の生態に変化が表れていることも解説している．

これらの見学会で，参加者のより深い理解を促すために重要なのが，ガイド（解説者）の存在である．何気なく通過してしまう場所にも自然の価値や不思議が潜んでいる．エコガイド，ジオガイド，自然解説ガイド（ナチュラリスト），登山ガイドなどによる質の高いガイド活動の促進が，SDGs の目標達成のためにも求められている． 〔飯田　肇〕

引用文献

1) 飯田　肇（2017）：弥陀ヶ原の積雪特性，ラムサール条約登録湿地総合学術調査団編，立山弥陀ヶ原・大日平学術調査報告書— 2014-2016，pp.132-137，富山県自然保護協会.

2.5.4 「うみ」と「やま」の間で命がつながる場：琵琶湖の取り組みと学び

ここでは，琵琶湖を望む 3 つの場所と，そこから想起される湖の呼び名を紹介しながら，関連する取り組みをみていきたい．まずは岸辺．そこは絶えず打ちつける波や風といった自然の大きなエネルギーを感じられる場所であり，古来人々がこの湖を「うみ」（海または淡海）と呼んできたことを体感できる場で

ある．現代の滋賀県に住む多くの子どもたちが「うみ」という言葉を最初に意
識するのは，小学 5 年生が 1 泊 2 日で学習船「うみのこ」に乗船して，琵琶湖
の水質や生態系，地域の文化などを学ぶプログラムである「びわ湖フローティ
ングスクール」に参加するときではないだろうか．うみのこが県の事業として
始められたのは，1970 年代後半，高度経済成長に伴い水質汚濁や富栄養化など
が問題化し琵琶湖に赤潮が発生した時代に，富栄養化の原因であるリンを含む
合成洗剤の使用をなくそうという市民運動である「石けん運動」が活発化し，
1980 年に琵琶湖富栄養化防止条例が施行されたことを契機とする．1983 年から
続くうみのこは，この市民運動の歴史を芯に抱きつつ，滋賀で生まれ育った人々
の共通体験として大切にされてきている．

　湖岸から少し離れた場所からは，古から文学の舞台となってきた美しい「う
み」と「やま」の風景を楽しめる．和歌において，琵琶湖はしばしば「にほの
うみ」(鳰の海) という名で詠まれてきた．鳰とは水鳥のカイツブリを指す言葉
であるが，その生態において重要な場所といえば，岸辺のヨシ群落である．そ
こは多くの水鳥たちの繁殖地「ゆりかご」であり，ヒシクイ，コハクチョウ，
カモ類などが毎年 6 万羽以上飛来する渡り鳥の越冬地ともなる．琵琶湖周辺に
おいて最大のヨシ群落は内湖である西の湖 (1993 年にラムサール条約登録され
た琵琶湖に加え 2008 年に拡大登録) にある．多年草であるヨシは，年に一度，
刈り取りと火入れをすることによって良好な光環境が得られるため，手刈りに
よる維持管理を必要とするが，西の湖では，住民自治組織や生産組合，企業な
どがボランティアとしてヨシ刈りなどの保全に協力する活動が活発にみられ
る．ヨシは，祭祀における松明に使用されたり，ヨシズなどの生活用品として
加工されたりしてきたが，近年ではヨシを材料に用いた文具の販売や，照明オ
ブジェの展示などを通じて，生物多様性保全におけるヨシの重要性が発信され
ている．琵琶湖における「ゆりかご」をもう一つ紹介したい．それはニゴロブ
ナなどの魚にとっての繁殖地であった田んぼである．圃場整備により 1965 年頃
以降は魚が湖と田んぼを行き来できなくなっていたが，2001 年以降特別な魚道
を設置し魚が再び遡上できるようにした「魚のゆりかご水田」の取り組みが続
けられてきた．こうして魚がすめる環境の田んぼをつくることは，安心安全な
米づくりにもつながっている．

　最後に紹介する場所は，湖を取り囲む「やま」に位置し，湖の水源の地とな

図2.10 「やまのこ」で琵琶湖に注ぐ川の「最初の一滴」に触れる子どもたち

る森である．そこから見下ろせる湖の雄大さから，琵琶湖が近畿地方約1450万人の暮らしを支え育む"Mother Lake"であることを感じられる場所だ．森での取り組みの一つとして，2007年から滋賀県が実施してきた「やまのこ」という森林環境教育プログラムがある．うみのこ乗船を次年度に控えた滋賀県内の全小学4年生が，9カ所あるやまのこ実施施設のいずれかで，森林散策や間伐などの体験学習を行うものだ．子どもたちは雨水が「やま」に染み込み，その水は「うみ」に注がれることを学ぶ（図2.10）．子どもたちにとって，森から，そして湖の上から向き合う琵琶湖は，巨大な命の器である琵琶湖の内外に息づく生態系への関心の玄関口となる．冒頭のうみのことあわせて子どもたちが学ぶ機会の背景をみてみると，そこには生態系という命のつながりを抱く琵琶湖の自然環境と，市民，行政，企業，非営利組織などがつながりながらつくってきた社会環境の両面からの支えがあることがうかがい知れる．　　〔近藤順子〕

2.5.5　ふゆみずたんぼと世界農業遺産：蕪栗沼・周辺水田

　宮城県大崎市の持続可能な地域づくりは，大崎市田尻地域に所在するラムサール条約湿地「蕪栗沼・周辺水田」（図2.11）に飛来する渡り鳥・マガンとの共生に向けた保全と「ふゆみずたんぼ（冬期湛水水田）」やエコツーリズムをはじめとするワイズユースから始まっている．

　かつて蕪栗沼周辺の水田では，飛来するマガンやカモにより米や麦などが食べられており，農業者にとって渡り鳥は食害を引き起こす害鳥として認識されていた．また，蕪栗沼および周辺水田は，洪水抑制をする遊水地としての役割

図2.11　蕪栗沼・周辺水田（大崎市提供）

も担っており，農業者にとっては蕪栗沼の浚渫による遊水地機能の向上が最重要課題であった．1996年に沼の自然環境保護を理由に浚渫計画の差し止めが行われると，野鳥や環境の保護団体と地域住民や農業者との対立の溝が深くなっていった．

　一方，渡り鳥のマガンは，越冬個体数が増加する一方で，越冬できる湿地が限られていることから，蕪栗沼などのごく一部の越冬地に集中する傾向があった．2005年には日本で越冬するマガンの8割以上が宮城県北部地方に飛来し，そのうち約6割が蕪栗沼に集まっていた．渡り鳥が集まりすぎると鳥の伝染病が発生した際に大きな被害となることや，沼の水が汚れることなどが懸念された．

　そこで，マガンを分散させ，かつ，マガンと共生する農業施策の一環として，冬期間に周辺の水田を湛水して一時的に疑似湖沼化する「冬期湛水水田」いわゆる「ふゆみずたんぼ」の取り組みを検討することになった．

　2003年，冬期湛水水田による渡り鳥のねぐら環境の創出と，水田農業との共生に関する実証事業「ふゆみずたんぼプロジェクト」を開始した．農薬や化学肥料を使用しないふゆみずたんぼ農法と水田の生物のモニタリング手法の確立に向けて「蕪栗沼地区農業・農村研究会」を発足するとともに，実証に取り組む農業者組織「伸萠ふゆみずたんぼ連絡会（現伸萠ふゆみずたんぼ生産組合）」を組織した．

　この事業の結果，創出された20 haのふゆみずたんぼでは，日中はハクチョ

図 2.12　ふゆみずたんぼに飛来したガン類（大崎地域世界農業遺産推進協議会提供）

ウ類，夜間はカモ類が頻繁に観察され，その後，警戒心の強いマガンも不定期ではあるが観察されるようになった（図 2.12）．このことから，「ふゆみずたんぼ」がマガンをはじめとした水鳥に対して強い誘引力をもち，これらの生息地を拡大させる手法として極めて効果的であることが判明した．

　蕪栗沼や周辺水田での環境保全や渡り鳥との共生の取り組みが認められ，2005 年に「蕪栗沼・周辺水田」がラムサール条約湿地として登録された．一定規模以上の水田が登録されたのは，世界でもここが最初であった．このことを契機に，本市において総合計画をはじめとする主要な計画に自然と共生する地域づくりが位置づけられ，市内 2 カ所目となるラムサール条約湿地「化女沼」の登録へとつながり，施策における位置づけがさらに明確になった．他方，ラムサール条約湿地の保全と活用は，所在するエリアを中心に施策展開が行われるため，市域全域で登録効果を感じづらいという課題があった．

　2011 年 3 月に東日本大震災が発生し，地域のインフラや暮らしは大きな被害を受けた．大量生産・大量消費で築き上げてきた現代の豊かさに脆さが露呈する中で，日本の発展を支えてきた東北の持続可能な水田農業の価値と重要性を地域内で再認識するとともに，国内外に共有する必要があると考えた．

　その方法の一つとして，国際連合食糧農業機関（FAO）が，伝統的な知識に基づく農業生産はもとより，農村が育んできた文化（民俗芸能，食など），生物多様性，ランドスケープについて，世界的な価値を認め，未来に継承していくことを目的とする「世界農業遺産」の認定を目指すこととした．

　2017 年，本市を含む大崎地域（1 市 4 町）における「持続可能な水田農業を

図 2.13　大崎耕土のランドスケープイメージ（大崎地域世界農業遺産推進協議会提供）

支える『大崎耕土』の伝統的水管理システム」が，東北・北海道で初めて世界農業遺産に認定された．この認定は，大崎耕土のもつ総合的な価値が認められたものであり，市域全域に広がる水資源，食，文化，生物多様性，ランドスケープ（図 2.13）などの保全と活用に多くの市民が関わり，認定効果を体感することができる環境が整った．

　この認定を受け，本市における自然と共生する地域づくりの流れは，大崎耕土を流れる江合川，鳴瀬川の両河川流域全体を意識した，大崎地域（1 市 4 町）を巻き込んだ施策の展開へ新たなフェーズに移行しつつある．認定はゴールではなく，先人が残した「生きた遺産」をさらに発展させ，次世代に継承する責任がある．世界農業遺産の保全と活用に向けた取り組みは途に就いたばかりではあるが，百年先を見据えた持続可能で，魅力あふれる大崎耕土を描き出していくための施策展開を日々推進している．　　　　　　　　　　　　〔高橋直樹〕

2.5.6　豊岡市環境経済戦略：円山川下流域・周辺水田

a．豊岡市と円山川下流域

　豊岡市は兵庫県北東部に位置し，中央に一級河川の円山川が流れ，川の周囲には水田が広がっている（図 2.14）．円山川下流域の川底は高低差がほとんどないため，水はけが悪く，大雨が降ると，まちは度々洪水の被害にあってきた．

図2.14 来日山から望む円山川下流域・周辺水田（豊岡市提供）

一方で，川や周囲の水田は，コウノトリをはじめとする水辺の生き物にとって格好の生息地・生育地となった．

b. コウノトリ野生復帰の取り組み

コウノトリは，かつては日本の各地で見ることができたが，生息環境の悪化などによって数が激減し，1971年には日本国内で絶滅した．最後の生息地であった豊岡では，絶滅に先立つ1965年から野外のコウノトリを捕獲し，人工飼育を開始した．1989年の初のヒナ誕生までは長い年月を費やしたが，それ以降飼育下の個体は増加し，野生復帰に向けた取り組みにつながっていった．2005年には放鳥を開始し，2007年に国内では46年ぶりに野外での巣立ちが確認された．その後も毎年野外でヒナが巣立ち，今では300羽を超えるコウノトリが生息している．コウノトリの野生復帰を目指し，自然再生，環境創造型農業の推進，コウノトリツーリズムの展開など様々な取り組みを行ってきた．その取り組みの一つとして，2012年にラムサール条約湿地として登録，2018年に拡張登録を行った．

c. 豊岡市環境経済戦略

一度絶滅した野生動物を飼育下で増やし，かつての生息地である人里へ帰す取り組みには，膨大な時間とコストがかかる．豊岡市は環境への行動を持続可能にするため，環境と経済の好循環を生み出す「豊岡市環境経済戦略」を2007年に策定した．戦略の柱は，環境創造型農業「コウノトリ育む農法」の推進である．

d. コウノトリ育む農法

　かつての水田には生き物があふれていたが，農業の近代化に伴う乾田化や農薬の使用によってその数は激減し，コウノトリ絶滅の原因の一つとなった．再びコウノトリが野外で生息するためには，水田を生き物があふれる場所にする必要があった．コウノトリの餌を増やす，コウノトリを農業で支えるという目的で誕生したのが，「コウノトリ育む農法」である．

　「コウノトリ育む農法」の水田では，「中干延期」や「冬期湛水」などの特徴的な水管理をはじめ，生き物を増やすための工夫が施されており，自然や生き物の働きを生かした農薬に頼らない米づくりが可能となっている．栽培された米は，コウノトリの絶滅から復活までのストーリーと，その生息を支える生物多様性に富んだ水田環境の価値を付加することで，慣行農法で栽培された米よりも高い価格で取引され，生産者に経済的な恩恵をもたらしている．

　美味しい米と多様な生き物を育み，環境と経済の好循環を生み出す「コウノトリ育む農法」の水田は，まさに湿地のワイズユースといえるだろう．

e. コウノトリのいる風景を未来へ

　SDGsなどの世界的なトレンドから，民間レベルでの生物多様性保全への関心がより高まってきている．この高まりを契機に，環境と経済が好循環する仕組みや事例をさらに生み出すことによって，地域に豊かな自然環境を取り戻し，コウノトリのいる風景を未来へつないでいかなくてはならない．　　〔愛原拓郎〕

2.5.7　開発途上国支援：釧路湿原

a. 釧路湿原とラムサール条約

　北海道東部に広がる釧路湿原は国内最大の湿地である（図2.15）．1980年に水鳥や湿地を守るラムサール条約に日本で初めて登録された．1993年にはラムサール条約第5回締約国会議が釧路で開催された．この頃から湿原に興味をもつ人々も多くなり，湿原に関係したボランティア活動に参加する人も年々増加し始めた．

b. 釧路湿原を取り巻く歴史

　北海道に暮らすアイヌの人たちは，独自の文化を大切にして自然と共生することで現代まで暮らしを紡いできた．自然の恵みを得やすい場所として水辺を選び，湿原の周りにも居住してきた．北海道の地名はアイヌの人々がつけたも

図 2.15　釧路湿原（釧路国際ウェットランドセンター提供）

のが多いが，自然の中での暮らし方を示したものが多く興味深い．日本では人々がよりよい暮らしを求めて土地を耕し，自然の姿も変えていった．里山は日本人の原風景ともいえるが，生きるために必要な自然にのみ人の手が入ったので，大規模な自然の破壊までには至らなかった．一方，北海道はどうかというと，昔から自然と寄り添い独自の文化をつないできたのがアイヌの人々である．釧路湿原は，氷河による大地の侵食やその後の海面上昇，河川による堆積などを経て今のような姿になった．江戸時代から明治時代になると，たくさんの和人が北海道にやってきたが，和人とは積極的な交流には発展せず，離れた場所で独自の生活スタイルを維持してきた．豊かな自然が残っている北海道で，アイヌの人々は自然と共生する道を選んだ．

　釧路湿原の南に広がる釧路という地名は，貴重な物品がやり取りされていた場所という意味で，和人やアイヌの人々，中国人やロシア人の商人が集まり，貿易が行われていた．江戸時代には北前船が釧路と本州を行き来していたが，熊の毛皮から海産物，鉱物資源が運ばれ，対価として装飾品などがアイヌの人々に渡った．国際貿易の始まりだが，国際交流もあっただろう．幕末には伊能忠敬や間宮林蔵らが北海道にやってきたほか，後に北海道開拓に尽力した松浦武四郎もアイヌの人たちの力を借りて北海道中を調べている．その原動力は北海道自体に興味を示し始めたロシア人商人の影があったからである．

　北海道に移り住んだ和人は開拓する土地を求めていたが，目の前に広がる湿地は役に立たない土地として避けていた．もっとも湿地は人間の侵入を阻み開

墾に適さない不毛の大地のままなので, 湿地の方が人を避けていたともいえる. その頃から, 湿地は「谷地」と呼ばれ, 人が立ち入らない役に立たない場所とされてきた.

c. 釧路湿原と国際交流

釧路湿原内を流れる釧路川は湿原の東側を通るダムや堰のない一級河川である. また, 釧路湿原があることで大きな遊水地の役割も果たしている. 大正時代には豪雨で川が氾濫し, 下流域の釧路市が水浸しになったことから川の流れをもう1本バイパスさせる工事も行われた. それでも自然の景観が保たれたことは幸運であった.

釧路湿原の広大な湿地は, 夏場は小動物も行き来できないほど水と植物が堆積した土地を開墾するためには想像を絶する苦労が伴ったようである. 土地を耕す道具は泥炭地に阻まれて役に立たず, 水が絶え間なくあふれ出てくる大地を耕すのは, 干拓事業を行うようなもので人々を悩ませたらしい.

釧路湿原は生態系の魅力だけでなく, その恵みを享受しながら生きる人間の知恵や情熱についても興味深いものがある. 国際協力機構 (JICA) が行っている研修事業で, 釧路湿原は研修地としての評価も高い. 北海道の自然や生態系を学習することで, 研修員の出身国で応用できる知識や技術を高めることを目的としている. 研修員は南米からアジア, アフリカまで世界各国にわたるが, 自然との共生がいかに大切か正しく理解し, 地域や国の事情によらない普遍的なテーマを扱っているため, 研修員にとっても貴重な学習機会となっている. もちろん湿原の価値があってこその学習となるので, 地域のみならず地球上の宝物として守っていかなければならない.　　　　　　　〔**菊地義勝**〕

第3章　湿地をめぐる国内外の政策的動向

3.1　Nature-based Solutions（NbS）と湿地の役割

3.1.1　注目を集める NbS

　沿岸域のマングローブ林やサンゴ礁は，高潮や高波の衝撃をやわらげ，海岸浸食や津波などの被害を軽減させる．また，沿岸植生の地上部や地下部は，浅海域で炭素を固定することを通じて，気候変動緩和に貢献する．さらに海洋生物の格好の生息地として，海産物の漁獲や養殖などを通じて地域住民の生計向上にも貢献する．内陸部の湿地や湖沼は，洪水の調整池としての役割や水の貯留，水質浄化の役割を果たすほか，渡り鳥や水生生物などの貴重な生息地となり，観光振興などにも貢献する．都市部においては，再生された湿地や水辺空間は地域の魅力の向上や人々の健康増進に貢献する．

　湿地に限らず，こうした自然の有する多機能性という特質を生かすことで，気候変動や生物多様性ばかりでなく，防災，食糧問題，人の健康など複数の社会課題を同時に解決することを目指すアプローチである NbS（Nature-based Solutions：自然に根ざした解決策）というコンセプトが，近年国際的な議論の中でにわかに注目を集めるようになってきた（図 3.1）．

　NbS はもともと 2010 年頃から IUCN（国際自然保護連合）の政策文書などの中で使われ始め，2016 年に米国ハワイで開催された IUCN 総会で「社会課題に

気候変動　　自然災害　　社会と経済の　　人間の　　食料安全　　水の安全　　環境劣化と
　　　　　　　　　　　　発展　　　　　健康　　　保障　　　　保障　　　生物多様性
　　　　　　　　　　　　　　　　　　　　　　　　　　　　　　　　　　　　　喪失

図 3.1　NbS が取り組む 7 つの社会課題（IUCN（2021）：自然に根ざした解決策に関する IUCN 世界標準—NbS の検証，デザイン，規模拡大に関するユーザーフレンドリーな枠組み，初版.）

図 3.2　NbS の概念（IUCN（2021）：自然に根ざした解決策に関する IUCN 世界標準— NbS の検証，デザイン，規模拡大に関するユーザーフレンドリーな枠組み，初版.）

順応性高く効果的に対処し，人間の幸福と生物多様性に恩恵をもたらす，自然あるいは改変された生態系の保護，管理，再生のための行動（筆者仮訳）」と定義された（図 3.2）.

　NbS は温暖化を 2℃以下に安定化させるために 2030 年までに必要な気候変動緩和策の最大 37％を担うことができると推計されている[1]. また，災害の影響を軽減し，コミュニティのレジリエンスを強化することで，気候危機が人々や自然に与える悪影響を軽減することにも役立つという意味で，NbS は有効な適応策にもなりうる. こうしたことから，2019 年に開催された国連気候変動アクションサミットを契機に NbS は国際政治の舞台で一気に注目を集めるようになり，2021 年の G7（主要国首脳会議）や気候変動枠組条約締約国会議（COP）でも大きな焦点の一つとなった.

　さらに，2022 年に開催された第 5 回国連環境総会では，IUCN の NbS に関する定義を下敷きに，それを敷衍したかたちの NbS の定義「社会，経済，環境の課題に効果的かつ順応的に取り組み，同時に人間の福利，生態系サービス，回復力，生物多様性への恩恵をもたらす，自然または改変された陸上，淡水，沿岸，海洋の生態系の保護，保全，回復，持続可能な利用，管理行動（筆者仮訳）」

が採択された.

　世界の人口は 2022 年に 80 億人に達し，今世紀半ばには 100 億人に近づくと予測されている．生態系や生息地の破壊は，気候変動により加速化しており，新型コロナウイルスのような人獣共通感染症のリスクも増大させている．生物多様性の喪失や気候変動の危機は，SDGs に向かうための私たちの努力を阻害するだけでなく，世界中で多くの人々の生命や尊厳をも危うくする危険性をはらんでいる．そして，こうした負のトレンドを反転させるために，私たちに残された時間はそれほど多くない．こうした危機感を国際社会のリーダーが共有し始めたことが，気候変動や生物多様性など複数の社会課題に同時に対処するアプローチである NbS が急速に国際社会の中で支持を集めた背景にあるといえるだろう．

3.1.2　NbS に含まれる各種のアプローチ

　NbS は，過去 10〜20 年ほどの間に各分野で試され，様々な類似するアプローチを統合するコンセプトとして生まれた．この中には，森林景観再生（FLR）や保護地域の外側でのエリアに基づく保全活動（OECM），生態系を活用した防災・減災（Eco-DRR）や気候変動適応策（EbA），グリーンインフラ，生態工学や生態系再生などが含まれている（表 3.1）．

　NbS は，これら個別分野のアプローチや概念を置き換えるものではなく，それらを統合する「傘」としての役割を果たす概念である．実務上の政策やプロジェクト，研究などは今後も表 3.1 に示されているようなそれぞれの分野で使われてきた概念が中心となって進められていくだろう．しかし，「生物多様性」や「人間の安全保障」のように，関連する取り組みやアプローチを 1 つにまとめて表現する大きな概念には，特に国際政治などで特定のアジェンダを進めていくうえで大きな役割を果たすことがある．NbS という概念に期待されている役割の一つは，こうした側面であるといえる．

　また，NbS への注目は，従来の自然保護への取り組みの価値を減じるもの，またそれらを置き換えるものではない．従来の自然保護活動が保護地域の内側や絶滅危惧種を中心としたものであったのに対して，NbS は保護地域の外側や人間社会をむしろ中心的に扱うものであり，その意味で相互補完的なものである．

表3.1　自然に根ざした解決策（NbS）に含まれるアプローチの例

生態系回復アプローチ
　生態系再生（Ecological restoration）
　生態工学（Ecological engineering）
　森林景観再生（Forest landscape Restoration）
問題別のアプローチ
　生態系を基盤とした気候変動適応（Ecosystem-based adaptation）
　生態系を基盤とした気候変動緩和（Ecosystem-based mitigation）
　気候適応サービス（Climate adaptation services）
　生態系を基盤とした防災・減災（Ecosystem-based disaster risk reduction）
インフラに関連するアプローチ
　自然インフラストラクチャー（Natural infrastructure）
　グリーンインフラストラクチャー（Green infrastructure）
生態系を基盤とした管理アプローチ
　統合的な沿岸管理（Integrated coastal zone management）
　統合的な水資源管理（Integrated water resources management）
生態系保全アプローチ
　保護地域管理を含むエリアに基づく保全アプローチ

出典：Cohen-Shacham *et al.*, *Nature-based Solutions to Address Global Societal Challenges*, IUCN, 2016（筆者翻訳）.

　例えば，保護地域における生態系サービスの保全が保護地域の外側で生活や経済活動を営む人間社会にも様々な便益を与えてくれる一方で，保護地域の外側でのNbSアプローチによってもたらされる保全の成果は，保護地域内における保全活動にもよい影響をもたらすなど，NbSと従来の自然保護活動は互いによい影響を与え合う関係にある．

3.1.3　NbSの広がり

　前述したように，これまでにもそれぞれの分野においてNbSやそれに類するアプローチの取り組みは各分野において色々な名称で呼ばれつつ世界各地で実践されており，その様々な事例が報告されている．同時に，最近ではNbSに関する事例集やガイドラインなど様々な最新情報を提供するウェブサイトや教育教材などの整備も急速に進んでいる[2,3]．

　さらに，今後世界各地でNbSを大規模に社会実装の段階に進めていくために，公的資金と民間資金をブレンドし，さらに技術協力なども組み合わせた新たな資金メカニズムの設立や試行なども始まった．同時に，プロジェクトの質を担保するための世界標準の整備や，森林管理協議会（FSC）や世界持続可能

観光協議会（GSTC）などの既存の認証制度と連携した第三者認証制度づくりのプロセスも始まっている.

　気候変動や生物多様性などの地球規模の課題解決は待ったなしの状況にある. NbS はその解決のためのアプローチとして大きな期待と注目を集めている. 気候変動による風水害の激甚化が予想される中，湿地には重要な役割を担うことが求められているのである. 〔古田尚也〕

引用文献
1）Griscom, B.W. *et al.* (2017)：Natural climate solutions, *PNAS*, **114**(44), 11645-11650.
2）自然に根ざした社会課題の解決策 NbS 研究センター.
　https://nbs-japan.com（参照 2022 年 5 月 9 日）
3）古田尚也編（2021）：特集 NbS 自然に根ざした解決策—生物多様性の新たな地平，BIOCITY,
　(86)，ブックエンド.

3.2　湿地をめぐる日本国内の政策的動向

3.2.1　水鳥の生息地としての湿地だけでなく多様なタイプの湿地の登録へ

　ラムサール条約で対象とされる湿地は，条約第 1 条で定義されているとおり，およそ水と関わりのある土地はすべて対象となっている. しかしながら，条約の名称が「特に水鳥の生息地として国際的に重要な湿地に関する条約」となっており，この「特に水鳥の生息地として」により，日本ではラムサール条約に加入した 1980 年以降, 2002 年までの間に登録したラムサール条約登録湿地（以下，ラムサール湿地）13 カ所（釧路湿原，伊豆沼・内沼，片野鴨池など）はすべて水鳥と関係のある湿地であった.

　条約第 2 条第 2 項では，「湿地は，その生態学上，植物学上，動物学上，湖沼学上又は水文学上の国際的重要性に従って，登録簿に掲げるため選定されるべきである」とされている一方,「特に，水鳥にとっていずれの季節においても国際的に重要な湿地は，掲げられるべきである」とされており，世界的にもこの傾向は同様であった.

　1999 年に開催されたラムサール条約第 7 回締約国会議において, 2005 年の第 9 回締約国会議までに世界のラムサール湿地を倍増させるという決議 VII.11 が採択された. 同決議では，それまで水鳥と関係のある湿地が登録される傾向に

あったものを，今後は世界の生物多様性の保全に寄与するよう様々な湿地生態系を登録するという戦略的枠組みとガイドラインも採択された．

この決議を受けて，日本でも 1999 年当時の 11 カ所のラムサール湿地を，2005年までに 2 倍の 22 カ所以上に増加させるという目標が設定された．

2001 年には，保全上重要な湿地として選定された「日本の重要湿地 500」が環境省から公表された．この「日本の重要湿地 500」をもととして指定に向けた作業が進められた．まず各分野の専門家による検討会が設置され，日本を代表する多様な湿地タイプとしてどのようなものがあるかが検討された．さらにそれぞれのタイプの湿地に妥当と思われる選定基準が検討された．この選定基準と国際的に重要な湿地選定のためのラムサール基準を，「日本の重要湿地500」にリストアップされた湿地に適用し，合致した候補地について，さらに国指定鳥獣保護区特別保護地区などの保護区の設定状況・設定の可能性の情報が重ね合わされた．これらにより絞り込まれた候補湿地について，地元自治体との調整を図り，賛意を得られたものが登録されることとなり，最終的には 2005年に 20 カ所の湿地が新たに登録された．

サンゴ群落として串本沿岸海域，サンゴ礁として慶良間諸島海域，地下水系として秋吉台地下水系が登録された．砂浜についても，生活環の重要な段階を支えるという基準に合致するアカウミガメの北太平洋有数の産卵地である屋久島永田浜が登録，絶滅のおそれのある種の生息地として，ベッコウトンボの生息する藺牟田池が登録された．また，日本雁を保護する会などの NGO の協力で農業者の理解を得て，初めて水田を含むラムサール湿地として蕪栗沼・周辺水田の登録が実現した．水田，サンゴ礁，地下水系，砂浜など世界的にも登録されることが少ないタイプの湿地が含まれていたことから，ラムサール条約事務局からも評価された．

日本のラムサール湿地は，2022 年 4 月現在 53 カ所となっている．その後も多様な湿地タイプの登録は続いており，ダム湖として化女沼，ため池として大山上池・下池，渓流として久米島の渓流・湿地，河川として円山川下流域・周辺水田，遊水地として渡良瀬遊水地などがあげられる．

3.2.2　ラムサール条約の目的：湿地の保全とワイズユース（賢明な利用）

条約の目的は，条約第 3 条で，湿地の「保全」と「ワイズユース（賢明な利

用)」とされている．条約交渉当時，すでに国内の湿地が人によってかなり改変されていた先進国では，手つかずのままの湿地を保護するだけでは湿地が保全できない．また，開発途上国に対しても，動植物の生息地として重要である湿地を保全しようというより，食料や生活に有用な物の持続可能な収穫のために湿地を保全しようという考え方の方が受け入れられやすいという理由から，保護と利用の両方が目的となった．

ただし，ワイズユースという考え方は誤用されかねないものであり，1987年に開催された第3回締約国会議の決議で，「湿地のワイズユースとは，生態系の自然財産を維持し得るような方法で，人類の利益のために湿地を持続的に利用すること」と定義された．ワイズユースを推進するにあたり，湿地と人々との関わりや湿地における人々の営みが次第に注目されるようになった．

3.2.3 湿地が有する生態系サービスの経済価値評価

生物多様性条約では，生物多様性の価値を経済的に評価するプロジェクトとして，「生態系と生物多様性の経済学（TEEB: The Economics of Ecosystems and Biodiversity）」を実施し，2010年に愛知県名古屋市で開催された生物多様性条約第10回締約国会議までに各種の評価方法や事例を整理した報告書が作成された．

ラムサール条約事務局においても，2012年，水と湿地に関するTEEBという報告書が作成され，沿岸域と内陸の湿地の生態系サービスの価値は，他の生態系タイプよりも明らかに大きいと結論づけている．

これらを受け，日本においても環境省が2013年，「湿地が有する生態系サービスの経済価値評価」を行った．湿地を保全し得られる恵み（生態系サービス）を賢明に利用できるよう，様々な主体が湿地の価値を認識し，適切な意思決定を行うための有効なツールを提供しようとしたものである．この評価では，湿原と干潟を対象として，二酸化炭素の吸収や炭素蓄積による気候調整，水量調整，窒素の吸収などによる水質浄化，生物の生息・生育環境の提供，自然景観の保全，レクリエーションや環境教育，食料供給などの経済価値を評価した．

3.2.4 湿地と防災・減災

2015年にウルグアイで開催されたラムサール条約第12回締約国会議では，

2013年に大型台風により過去最大級の甚大な被害を受けたフィリピンなどからの提案により，決議XII.13「湿地と防災・減災」が採択された．災害の影響軽減における湿地の役割を評価し，湿地の保全，再生，ワイズユースが防災にとって重要であることが強調されている．

「生態系を活用した防災・減災（Eco-DRR: Ecosystem-based Disaster Risk Reduction)」という考え方は，2005年に神戸で開催された第2回国連防災世界会議で採択された「兵庫行動枠組」の中で提唱されたものであり，健全な生態系を保つことは災害リスクの軽減につながると認識されている．その後，東日本大震災の経験も踏まえ，2013年の第1回アジア国立公園会議，2015年の第3回国連防災世界会議で採択された「仙台防災枠組2015-2030」などで，生態系や生物多様性と災害リスク削減や気候変動に対する適応の関連について世界的な議論が深められた．

日本においても環境省が2016年，「生態系を活用した防災・減災に関する考え方」を取りまとめ，その中では湿地を含む様々な参考事例が列挙されている．

また，日本国際湿地保全連合（WIJ）でも，「日本及びアジアにおける気候変動適応及び防災・減災に対する湿地の役割とその活用」というプロジェクトで，日本とアジアで湿地が防災・減災に役立っている事例の収集を行い，発信している．

3.2.5　国際的な動向と日本の動向：まとめ

湿地の経済価値評価と防災・減災という2つの取り組みを紹介したが，近年，湿地がもつ多面的な機能を活用して，地域の社会課題やグローバル課題の解決を図ることの重要性にも目が向けられるようになってきた．「自然に根ざした解決策（NbS: Nature-based Solutions)」という言葉も使われる．また，2018年にはラムサール条約事務局が，SDGsを達成するために湿地が大きな役割を果たせるということを発信している．

こうした国際的な動向を受け，日本政府でも，環境省ばかりでなく，国土交通省が流域治水を推進し，農林水産省は水田などへの多面的機能支払制度を創設するといった動きもみられるようになった．

さらに，全国の一部自治体においても，湿地を含むグリーンインフラを活用した魅力的なまちづくり，観光振興，健康の増進，防災・減災，温室効果ガス

削減などに取り組むようになり，湿地を活用して社会課題の解決を図ろうとするケースが増加傾向にある.

　当初は「自然環境・生物多様性保全のために，ラムサール湿地の登録や保護区の設置などを行って湿地を守る」という方向であったのが，最近では「保護区外の湿地などを含め，生態系サービスを活用することで，社会課題の解決を図る」という方向に徐々に変わってきている. またその結果，環境省や自治体の環境部局のみならず，他省庁や自治体の他部門，民間企業などの多様なセクターが，湿地の保全やワイズユースに以前よりも主体的に関わるようになってきている.　　　　　　　　　　　　　　　　　　　　　　　〔名執芳博〕

参考文献
・環境省自然環境局（2014）：湿地が有する生態系サービスの経済価値評価.
・環境省自然環境局（2016）：生態系を活用した防災・減災に関する考え方.
・IEEP and Ramsar Secretariat (2013)：TEEB for Water and Wetlands, executive summary.

3.3　国際開発における環境社会配慮と自然に根ざした解決策

3.3.1　国際インフラ開発事業と環境・社会への影響

　道路，鉄道，空港，港湾，発電所などといったインフラは，私たちの生活や経済活動にとって欠かせないものとなっている. 世界銀行（WB），アジア開発銀行（ADB），日本の国際協力機構（JICA）などは，巨額の資金を投じて，開発途上国におけるこうしたインフラ整備のための支援を行っている. これらは，開発途上国の経済発展の支援を目的に実施されているが，先進国の企業などの海外進出，経済活動の展開を促進するという側面ももっている. 例えば，2021年のWBの融資承認額は約665億米ドル[1]，JICAの2020年度のインフラ開発事業（有償・無償資金協力）の実績総額は約1兆6505億円にものぼる[2].

　こうした大型のインフラ開発は，経済発展を推進するうえでは重要な役割を担うといわれる一方，対象地の自然環境や地域住民の暮らしに負の影響を与えるとして，多くの批判を浴びてきた. 例えば，ダムの建設は，河川を含む流域生態系の連続性を分断すること，沿岸域開発による堆積物の流入は，マングローブ林やサンゴ礁の生態系を劣化させることなどが報告されている[3]. また，道

路開発は，野生生物の生息地の分断化，乱獲の増加，侵略的外来種の導入など
をもたらすこと，2050 年の生物多様性保全目標を達成するうえでは，インフラ
開発による影響の最小化が不可欠であることも指摘されている[4]．さらに，こ
うしたインフラ開発は，住民の居住地の非自発的な移転，生計手段の喪失，コ
ミュニティ間の対立や分断化などといった，地域社会への負の影響をももたら
すとの批判もある[5]．

3.3.2　国際開発援助機関の近年の動向

　こうした批判や国際的議論を受け，WB や JICA などの国際開発援助機関も，
インフラ開発事業による環境や社会への影響の最小化に力を注いできた．JICA
はインフラ開発事業に対して批判的な NGO の代表者をもメンバーに含む，多
様な有識者からなる助言委員会を設置し，2010，2022 年に，同委員会での議論
を踏まえて環境社会配慮ガイドラインを策定した．同ガイドラインでは，例え
ば自然保護区，原生林，サンゴ礁，マングローブ湿地，干潟などが存在する場
所においては，開発による影響を極力回避・最小化する必要性が明記されてい
る．JICA が支援を行う事業のうち，環境や社会への影響が想定される事業に
ついては，審査部という独立した部署による審査を受ける必要があり，同ガイ
ドラインに則した内容になっていない場合には，事業を実施できない体制とな
っている．WB は，新しい環境社会配慮政策として，2018 年 10 月に Environ-
mental and Social Framework（ESF）を採択した．ESF では，従来の政策と比
べ，例えば以下のような点がより厳格になっている．以前は，保護区など，生
物多様性保全上特に重要な自然生息地の著しい転換や劣化を伴う事業は実施し
ないと定めていたが，ESF では，保護区などに加え，農林地や埋め立てが行わ
れた湿地など，人為的に改変された生息地における生物多様性への影響につい
ても，回避・最小化することが求められている．また，保護区などの重要な自
然生息地の例として，過去には記載がなかった Key Biodiversity Areas（KBA）
など（NGO などが主張する重要生息地であり，法的には保護されていない場合
も多い）も追加された．加えて，当該事業のみならず，過去から未来にかけて
予想される関連事業がもたらしうる影響，個々の軽微な事業活動が集積した場
合に生じる影響などについても事前に評価し，回避・最小化を図ることが義
務づけられている．

3.3.3 自然に根ざした国際開発への挑戦

WB や ADB では近年，Nature-based Solutions（NbS：自然に根ざした解決策）（3.1 節を参照）にも積極的に取り組んでいる．従来，これらの機関が実施してきたインフラ開発事業の多くは，コンクリート建造物を建設するものであった．しかし最近では，洪水や土砂災害の抑制，都市開発などを目的とした事業の中で，自然生態系を再生し，その機能を活用しようとするケースが増加している．例えば，WB が支援したモザンビークのベイラ市の事業では，コンクリートの排水路などの建設に加え，マングローブや湿地を含む緑地公園を造成することにより，洪水被害の抑制と住民のレクリエーションの場の創出を同時に図った[6]（図 3.3）．これは，自然環境に負の影響を与えながら，防災という単一目的を達成するという従来の手法とは異なり，自然再生を通じて自然の多機能性を活かすことで，防災に加え，レクリエーション，健康増進などといった多面的な便益の獲得を目指し，より魅力的な地域の開発を実践している事例であるといえる．WB は 2012〜2019 年にかけて，60 カ国における約 100 の事業において，NbS を導入した[7]．インフラ開発事業において，自然生態系の保全・再生を行う NbS が積極的に導入されれば，上述のような環境への負の影響も軽減できる可能性がある．

筆者は 2016〜2019 年にかけて，JICA の審査部にて，環境社会配慮の業務を担当していた．2018 年 6 月には，WB 本部の職員を日本に招聘し，先述の ESF

図3.3 モザンビークの開発事業において再生された湿地（Jos Brils 撮影）

を国内関係者に対して紹介するためのセミナーを開催した．同セミナーの冒頭で挨拶を行った当時の WB 副総裁は，以下のように話していた．「今後の我々の国際開発事業では，インフラ開発によって生じる負の影響を最小化するのではなく，全ての人々にとってプラスの影響しかない，真に持続可能な開発を目指したい．」これは決して容易なことではないであろうが，開発事業による影響を評価し，環境や地域社会への負の影響を最小化するという従来のアプローチからの転換である，と感じた．

　他方，日本国内のインフラ開発事業に目を向けると，自然環境に重大な影響があることが明白であるにもかかわらず，開発が推し進められてしまうケースが散見される．この現状の背景には，多くの開発事業が経済振興や防災などといった単一の視点に偏って設計されていることがあると思われる．地域住民を含む多様なステークホルダーが集い，経済振興や防災に加え，心身の健康増進，水や食料の安定的確保，レクリエーション，子育てなどといった様々な観点から，望ましい地域の未来について議論しながら，NbS を積極的に取り入れた事業計画を立案できれば，インフラ開発事業の姿は大きく変わってくるのではないだろうか．今後は，SDGs の目指す誰一人取り残さない，すべての人々が恩恵を享受できる開発が，世界中で実践されることを期待したい．　　〔新井雄喜〕

引用文献

1）世界銀行東京事務所（2022）：世界銀行と日本．
　　https://thedocs.worldbank.org/en/doc/840931459218186481-0090022020/original/World
　　BankandJapan.pdf（参照 2022 年 3 月 28 日）
2）国際協力機構（2021）：事業実績の概況，JICA 年次報告書 2021．
　　https://www.jica.go.jp/about/report/2021/ku57pq00002o5a6r-att/J_08.pdf（参照 2022 年
　　3 月 28 日）
3）Gardner, R.C. and Finlayson, M. (2018)：Direct drivers include physical regime change,
　　Global Wetland Outlook: State of the World's Wetlands and their Services to People,
　　Ramsar Convention Secretariat.
4）Hirsch, T. *et al.* (2020)：The Sustainable Cities and Infrastructure Transition, Global Bio-
　　diversity Outlook 5, Secretariat of the Convention on Biological Diversity.
5）Alamgir, M. *et al.* (2017)：Economic, socio-political and environmental risks of road devel-
　　opment in the tropics, *Current Biology*, **27**(20), R1130–R1140.
6）World Bank (2020)：Mozambique—Upscaling Nature-Based Flood Protection In Mozam-
　　bique's Cities: Lessons Learnt from Beira.
　　https://documents1.worldbank.org/curated/en/969931585303089862/pdf/Lessons-Learnt-

from-Beira.pdf（参照 2022 年 3 月 28 日）

7）World Bank（2019）：Nature-based solutions: a cost-effective approach for disaster risk and water resource management.
https://www.worldbank.org/en/topic/disasterriskmanagement/brief/nature-based-solutions-cost-effective-approach-for-disaster-risk-and-water-resource-management（参照 2022 年 3 月 28 日）

第4章
湿地を活用した社会的課題の解決〜実践例〜

4.1 パートナーシップの構築に向けた対話の場づくり

　SDGs 17 番目のゴールは,「持続可能な開発のための実施手段を強化し, グローバル・パートナーシップを活性化する」である. この目標は, 主として国家同士を中心としたグローバルなパートナーシップを求めるものであるが, SDGsの各目標をローカルに落とし込み, SDGs を軸とした地域づくりを進めていく場合, 社会的課題解決に向けた政策策定プロセスやその実行において地域の様々なステークホルダー間のパートナーシップの構築とそれに基づく協働の推進をこの 17 番目のゴールとして位置づけることも多い. そうした中で近年, 社会的課題解決の手法も多彩な姿かたちをみせるようになり, 湿地保全や利活用に関する合意形成やワークショップなどの様々な対話の場づくりが企画・実施されている. そこでは, あらゆる世代の意見を聞く場, 科学者と地域住民との境界をなくした自由闊達な議論の場, 政策提言を前提とした利害関係者が対話する場などを通じて, 行政, 企業, 地域住民らが一体となり持続可能な地域のデザインが目指される.

　特に湿地は, 遊ぶ・学ぶ場の提供, 防災, 気候変動への対応など私たちの生活に不可欠な様々な機能をもっているため, 湿地を保全し, 活用することそのものが社会的課題の解決につながっていく可能性をもつ. しかし, ラムサール条約登録湿地をはじめ自然環境の保全や利活用をめぐっては, 意見の衝突や対立が発生しやすく, 多様な主体によるコミュニケーションには大きな課題があるといえる.

　こうした困難な状況を解決しようと開かれる地域住民／事業者対話の試金石として, 科学者, 行政, 市民の話し合いから始める「街の未来づくり」ワークショップを紹介したい (図 4.1). JST 研究開発プロジェクト[1] の一環として科学者の呼びかけから始まったこの取り組みは, 農地や農業水利施設を活用し,

図 4.1 流域治水に関するワークショップの様子（(株)たがやす提供）

神通川水域に関わる多様なステークホルダーの声を取り入れようと，中間支援組織を通じて，セクター横断型で複雑な統合水資源管理の実現に向けて動的運用ルールの共創手法の構築を試みる[2]．はじめに，農家，学校，病院，議員，防災士会，地元の経営者，ダム事業者，富山県，富山市，国土交通省富山河川国道事務所から多くの関係者を集めて，地域課題の解決に役立つ情報を共有するためのワークショップを実施し，治水に関する基本的な考え方や知見などを共有する．また，地域で実際に洪水が起こった場合にどこが水没するか，そのうえで一人ひとりがすべきことを防災の観点から話し合うなど，単に科学者の話を聞くだけでなく，風水害に対するリスクを認知し，対応を考えるための対話によるシナリオづくりを行う．これらの取り組みにおいて特筆すべき点は，協働と対話の場づくりにおける運営設計において，公平・中立の立場から科学者や行政などとの調整を丁寧に行うとともに，流域治水おける支援者／被支援者の区別をなくし，科学者も行政も企業も地域住民も一緒になって，ともに考え悩むといった「伴走する」支援スタイルが取られるなど，チェンジ・エージェント機能（変革を促す中間支援）が最大限発揮されたことである．

また，グラフィックファシリテーションという手法を用いて議論を可視化することで，本当に話したい，解決したいと思っていることに早く到達できる可能性がある．ホワイトボードや模造紙などのキャンバスと色ペンを使って，話し合いを促進するために全員の前で議論を文字どおり描いていくことで，参加者同士の意見や考え方の関係性が構造化され，全員の参加を促し主体的な気づきを深めることができる．また，グラフィックファシリテーションは，単に会

議を盛り上げるための道具として捉えるのではなく，参加者の意欲や主体性を引き出し，協働意識を高めるとともに，参加者の納得を得たうえで本来的な対話の成果を上げることに意味がある．とりわけ科学者は職業柄，普段から学術論文に読み慣れていて専門知識や実務上の経験が多く，一般の人々との間にコミュニケーション上の一定程度のギャップがあるかもしれない．そのような状況の中であらゆる立場の参加者にとっては，文字だけでなく写真や絵を用いた視覚情報が好まれ，円滑な関係を築くうえでも重要な手法であるといえる．「協働／信頼関係の構築」や「対話／話し合いの場」の持つ力で現在，頻発する自然災害で高まる安全意識への関心を深め，不安を取りのぞくなど，社会的課題解決の推進力を強化する住民主体の水リスク管理や水資源の有効活用の新しい進め方に大きな期待を膨らませる．

ラムサール条約第 12 回締約国会議で採択された CEPA プログラム 2016-2024（ゴール 5）では，様々なステークホルダーが湿地管理に確実に参加できる仕組みづくりとその支援を目標に掲げ，立場の異なる視点や認識，専門分野を超えて相互補完の関係をつくるための学びの場の創出が大切であると考えられている．例えば，「ラムサール条約登録湿地関係市町村会議」における学習・交流会では，「わたしの地域ではこのような取り組みが行われている」と実際的で役立つ知識や方法を学びながら，地域課題の統合的解決に向けた学びと協働の深化を積極的に行ってきている．学ぶことを通して，ステークホルダー間における協働の効果と対話の継続性を高めるなど，湿地の持続可能性に対する共感の輪を広げていく必要がある．

〔田開寛太郎・石山雄貴〕

引用文献

1) 沖　大幹ほか（2020）：水力発電事業の好適地である神通川水系における流域治水に資する動的運用ルールの共創手法の構築．SDGs の達成に向けた共創的研究開発プログラム，科学技術振興機構社会技術研究開発センター（RISTEX）．
https://www.jst.go.jp/ristex/solve/project/scenario/scenario20_okipj.html（参照 2022 年 5 月 18 日）
2) 乃田啓吾ほか（2022）：神通川流域の流域治水に向けた灌漑排水分野の取組み，農業農村工学会誌「水土の知」，**90**(6)，393-396.

4.2 湿地のもつ生態系サービスと多機能性の活用

4.2.1 耕作放棄水田を活用した NbS

「低未利用地」という言葉がある．居住，農業，工業など明確な目的に使われていない土地を指し，耕作放棄地もその例である．農家の後継者の減少などに伴い，耕作放棄地は全国的に増加している．何年にもわたって耕作が行われない農地は樹林化が進み，また用排水路などの農業インフラが機能しなくなり，耕作の再開が困難になる．通常の農作業では栽培できなくなった農地は荒廃農地と呼ばれ，その面積は 2020 年では 28.2 万 ha に及ぶ[1]．このような低未利用地はなるべく減らし，食糧生産に活用するべきだという考えが一般的で，交付金制度や税制での工夫などが行われている．

しかし低未利用地は，経済的な活動に使われていないだけであって，自然資本としては高い価値を有しているケースもある．湧水が豊富な谷の水田（谷津田・谷戸田）や河川に隣接する氾濫原の水田は，排水が困難な場合が多く，耕作放棄され，低未利用な状態になるケースが多い．しかし見方を変えれば，これらは元来湿地が成立していた場所であり，水田として利用される時代を経て，耕作放棄により再び湿地に戻った状態と捉えることもできる．本書の他の章でも述べられているとおり，湿地は，防災や水資源保全など社会にとって重要な様々な生態系機能を有しており，自然資本として高い価値が期待できる．

ただしすべての耕作放棄水田が高い生態系機能を発揮しているとは限らない．湧水や河川の氾濫水などの供給が変化することで，湿地が成立しにくくなっている場合がある．また地形・水文学的には湿地が成立できる立地でも，かつて農地として活用されていた時代に排水施設が整備されていると，湿地の乾燥化が進む場合もある．ただしこのような場合でも，適切な管理により，湿地の生物多様性や生態系機能を回復させることもできる．

千葉県富里市の，地元で「大谷津」と呼ばれている谷では，耕作放棄水田と斜面林の手入れを進め，生態系の機能向上と利活用が進められている．大谷津は長さ 300 m 程度の谷津で，台地上には畑地が広がっている．谷津の谷底面は，かつては水田として利用されていたが，約 50 年前には耕作が停止した．谷壁斜面の下部では湧水が存在しているものの，斜面と谷底面の間にコンクリートの

図4.2　富里市中沢区の「大谷津」
湿地化前（a）と湿地化後（b）.

排水路が存在するため，湧水は谷底を潤すことなく下流に排水されていた．このため谷底面は乾燥化が進み，モウソウチク，セイタカアワダチソウ，アズマネザサなどが優占する高密度な植生が発達し，容易には立ち入れない状態となっていた（図4.2（a））.

　この場所に「湿地再生」の手が加わったのは，2019年の夏である．地元の有志が，市内で先行して自然再生・自然環境教育の活動を進めていたNPOとも協力し，密生していた植物を伐採し，水田の畦，土手を補修する作業を進めた．さらにコンクリートの排水路を途中で塞ぎ，谷底の田面に水を引き込み，浅い湿地を造成した．これらの作業はほぼ1年間で行われ，2020年の秋には，谷底の景色は大きく変化した（図4.2（b））.

　筆者らは，この耕作放棄水田に再生された湿地の生態系機能や生物多様性の調査を行っている．着目している機能の一つは水質浄化機能である．台地上の

図 4.3 湿地化した耕作放棄水田に成立した水生植物群落

畑地での施肥の影響で,湧水の窒素(硝酸イオン)濃度は 40 mg/L 以上と高い
状態であった.しかし再生した湿地を経由させることで 10 mg/L 以下まで濃度
が低下することが確認された.また湿地化されたかつての田面には,多くの水
生植物が再生してきた.湿地化以前のセイタカアワダチソウが優占していた時
点では 24 種の植物しか確認されていなかった田面は,湿地化により,キクモや
コナギが目立つ植生に置き換わり,シャジクモ,ミルフラスコモ,ニッポンフラ
スコモといった絶滅危惧の車軸藻類も多数確認された(図 4.3).これらの植物
は,かつて水田耕作が行われていた時代に生育していたものの種子や胞子が散
布体バンクとして土壌中に残存しており,そこから再生したものと考えられる.
　このように耕作放棄水田の湿地化により,水質浄化や生物多様性保全に資す
る場が形成されたことが確認された.同様な地形をもつ場所での測定からは,
斜面林と谷底湿地を備えた谷津は,雨水の浸透や貯留の能力が高く,治水にも
貢献することが示されている.これらの機能は,気候変動に伴い水害や湖沼の
水質悪化のリスクの上昇が懸念される中,自然に根ざした解決策(Nature-based
Solutions:NbS)として,ますます重要になるものと考えられる.
　現在,大谷津では谷壁斜面の樹林の手入れが進んでいる.斜面は,かつては
薪炭林や採草地として利用されていたと考えられる.近年では利用が停止し,
落葉広葉樹が減少し,スダジイやシラカシなどの常緑樹が優占する鬱蒼とした
樹林になっていた.また一部の場所ではスギが植林されたまま管理放棄されて

図4.4　斜面林で遊ぶ子どもたち

いた．これらの樹林を間伐，枝打ちし，林床の明るい落葉広葉樹林に転換する
管理が進められている．その結果，カタクリ，キンラン，リンドウなどが生育
する樹林が蘇った．

　これらの湿地再生や樹林管理を通して回復したものは，生物多様性や生態系
機能だけではない．大谷津は地域内外の人の交流の場となっている．活動の中
心となっている「おしどりの里を育む会」のメンバーの多くは，すでに会社や
市役所を引退した世代の方々である．そして整備された場所は，親子連れや子
ども同士など，子どもを中心に利活用されている（図4.4）．畦道や雑木林を走
り回る子どもたちの歓声が，整備を進める方々の原動力となっている．また手
入れのされた谷底の湿地ではヘイケボタルが多数発生し，2021年の夏季には延
べ300名を超える人たちが訪れた．その中には，東京など遠方から足を運んだ
人もいる．さらに，大谷津の整備の経験を踏まえ，市内の別の場所でも，谷津
の耕作放棄水田を湿地として再生させる取り組みが開始された．水質浄化や治
水などの生態工学的な機能だけでなく，世代や居住地を超えた社会的なつなが
りの強化や地域の活性化につながることは，NbS的な取り組みの大きな特徴と
いえるだろう．

　印旛沼流域では，富里市以外の場所でも谷津の耕作放棄水田の再生・活用が
進んでいる．場所によって，子育て団体が管理している谷津，生物多様性保全
を主目的とする団体が管理している谷津，観光利用に主眼をおいて管理が開始
された樹林，自分なりの方法で米づくりを行いたい個人など，目的が相互に異

なっている．そして結果的に生物多様性保全や生態系機能の向上に貢献している．また，自然の管理や活用を進める多様な主体が情報を交換する場として「里山グリーンインフラネットワーク」が構築され，定期的な勉強会などで意見交換が進められている．このような，主体的な取り組みとゆるやかな連携が流域の中で確保されていることは，気候変動や人口減少が進行する将来に，自然資源を活かした多様な選択肢を残すことに貢献するだろう．

〔西廣　淳・加藤大輝〕

引用文献
1) 農林水産省（2021）：荒廃農地の現状と対策．
https://www.maff.go.jp/j/nousin/tikei/houkiti/attach/pdf/index-20.pdf（参照2023年1月26日）

4.2.2　水辺における地域への愛着（sense of place）を育む教育

　地域への愛着は人々が感じる特定の場所へのつながり，満足感，そしてその場所の意味づけから構成される概念である．本項では地域への愛着の概論とともに，里海を舞台とした環境教育プログラムとそこで生徒の間に育まれた地域への愛着に関する研究結果を紹介する．同概念は水辺の保全を目指す環境教育プログラムのあり方を考えるうえで，一つのヒントを提供してくれる．そして地域への愛着に着目することで，湿地を活用した社会的課題の解決も展望できると筆者は考えている．

　例えば，特定の地域の自然が開発により失われようとしていたとする．そのときに自然を守るために何らかの行動を起こす人とそうでない人との間にはどのような違いがあるのだろうか．環境教育に関する研究では，環境に関する知識，態度，そして環境配慮行動などの関連性に関する研究の蓄積が進み，この分野が活発な米国では特に社会心理学理論を用いた実証研究が多く行われてきた．一方で環境に関する態度や知識だけでなく，全く異なる心理要因が人々の自然保全意欲に影響を与えうることを地域への愛着（sense of place）概念は示唆している．地域への「つながり」や「帰属感」など訳し方は多様だが本項では「愛着」とする．

　環境保全分野における地域への愛着の意義を社会心理学的枠組みから提唱した研究者の一人がコーネル大学のRichard Stedman教授である．Stedman[1]に

よれば，地域への愛着はその場所の「意味」（symbolic meaning），場所への「つながり」（attachment），そしてその場所に抱く「満足感」（satisfaction）から構成される．人々は特定の場所に特定の意味づけをしているもので，それは「信念」（belief）と言い換えることができる．一方でその場所にどのような「つながり」をもち，愛着を抱くかは，その人がどのような人物であるかという「アイデンティティ」と密接に関係する．満足度はその場所に対するその人なりの評価で，これは社会心理学でいうところの「態度」（attitude）といえる．Stedman[1] は米国ウィスコンシン州の住民の地域の湖に対する愛着を調査し，湖に対する強い意味づけ（例：この湖は美しい場所だという信念）をもっている人，つながり（例：この湖にいることで自分自身でいられる）が深い人ほど，湖に対する満足度が高く，湖を保全するために具体的な行動をする意欲が高いことが明らかになった．

　地域への愛着はその後，様々な研究者によって検証され，また新たな尺度の開発も進められている．例えばスタンフォード大学の Nicole Ardoin 教授は，人々の地域への愛着は生物・物理的因子，社会・文化的因子，心理的因子，政治・経済的因子の4つから構成されるとして，合計23項目からなる尺度を構築した[2]．筆者がこの尺度を用いて，宮城県の志津川湾における住民の沿岸域への愛着と保全意欲について調べたところ，生物・物理的因子（例：沿岸域に多様な野生生物がすんでいることを好ましく思うか）および心理的因子（例：沿岸域を自分の一部のように感じるか）が保全意欲に影響を与えていることがわかった[3]．

　では地域への愛着は具体的にどのように育まれるのだろうか．岡山県備前市の海沿いの町，日生地区にある日生中学校（以下，日生中）では漁業協同組合との連携のもと，総合的な学習の時間を利用して生徒が地元の海で様々な体験活動をする海洋学習が行われている．筆者が実施した生徒への聞き取り調査[4,5]からは，日生中の生徒は大半が海の近くに住んでいるものの，入学当初は地元の海が遠い存在と感じ，それが中学校で継続的に海洋学習を受けることで，海を身近に感じ，好きになることなどがわかった．また1年次には日生の海を「汚い」と表現する生徒が多かったが，2，3年生になると「魚がたくさんいるところ」，「人とのつながりが深いところ」など，多様な言葉で説明できるようになり，生徒それぞれが日生の海への「意味づけ」をしていることがわかった．全

校生徒へのアンケート調査からは地域への愛着が「地元の海を今後も守っていきたい」という保全意欲に影響を与えていることがわかった[6].

　水辺環境の保全に向けて地域への愛着概念をどう応用できるだろうか. 例えばある水辺をよく訪れる人は, その場所に何らかの意味づけをもち, つながりを強く感じているかもしれない（例：この水辺は自分が幼い頃から訪れてきた場所で, 心安らぐ大切な場所だ）. その水辺の近くに住む児童向けに, 小学校のプログラムなどで, 水辺を定期的に訪れ, 散策し, 自然観察をする活動を続けることで, 子どもたちのそのエリアへの愛着が育まれることが期待できる. この愛着は子どもたちが将来にわたって, その水辺を守っていきたいと思う原動力になるかもしれない. つまり, 地域への愛着概念を理解することは, 地域資源を保全・活用しながら持続的に発展できるコミュニティとはどのようなものか, さらに環境教育プログラムがどのように貢献できるかを考えるうえでヒントを与えてくれる.

　水辺の生物多様性や水の透明度などについては生物学的, 工学的な手法で明らかにできるが, 人々にとってのその水辺の価値や, 地域社会におけるその水辺の意義を明らかにするためには, 社会科学的な調査が必要だろう. このときに地域への愛着尺度は大いに活用できる. 水辺といっても住宅地の近くにあるものから人里離れた場所にあるものまで様々で, 人々が水辺に見出す価値も多様だろう. 多様性を明らかにするためには, まず湿地を活用したり訪れている人に, その湿地がどのような意味をもっているのか, 聞き取りやフォーカスグループ（少人数グループでの対話）で自由に話してもらうのも一案だろう. 本項で紹介したとおり, つながりや満足感などから構成される地域への愛着尺度は存在するが, 米国で使用される項目群をそのまま日本で使う必要は必ずしもない. 聞き取りなどの結果をもとにその地域独自のアンケート項目を作成し, 人々の愛着を測ってもよいだろう. 地域への愛着概念の発展を今後も見守っていきたい.

〔桜井　良〕

引用文献

1) Stedman, R.C. (2002): Toward a social psychology of place: predicting behavior from place-based cognitions, attitude, and identity, *Environment and Behavior*, **34**(5), 561–581.
2) Ardoin, N.M. *et al.* (2012): Exploring the dimensions of place: a confirmatory factor analysis of data from three ecoregional sites, *Environmental Education Research*, **18**(5),

583-607.

3) Sakurai, R. *et al.* (2017)：Sense of place and attitudes towards future generations for conservation of coastal areas in the Satoumi of Japan, *Biological Conservation*, **209**, 332-340.

4) Sakurai, R. *et al.* (2019)：Students' perceptions of a marine education program at a junior high school in Japan with a specific focus on Satoumi, *Environmental Education Research*, **25**(2), 222-237.

5) Sakurai, R. and Uehara, T. (2020)：Effectiveness of a marine conservation education program in Okayama, Japan, *Conservation Science and Practice*, **2**(3), e167.

6) 桜井　良ほか（2022）：海洋学習が行われている中学校の生徒の海に対する態度と保全意欲―自由記述や絵の描写も含めた比較調査より，保全生態学研究，**27**(2)，181-195.

4.2.3　中小河川における子どもの親水利用とコミュニティ形成

a.　河川の親水利用

　湿潤温暖かつ急峻な地形を有する日本では，総延長14万4005.4 km，本数にして3万5496本もの河川が国土を流れており[1]，私たち地域住民に多様な恵みを与えている．ここでは，河川の多様な恵みの一つとして，親水機能について述べたい．親水機能とは，1971年に山本・石井によって初めて提唱された概念であり，「水辺が地域社会に存在することで発現する機能で，五感を通じた水との接触により，人間の生理・心理にとって良い効果を与えること」[2]と定義される．例えば，水辺は，様々な動植物の棲み処を提供し，夏には子どもの格好の遊び場となる．水辺を含む自然環境での遊びには，子どもの心身の発達だけでなく，場所愛着や自然に対する認識力の醸成など，様々な効果が報告されている．豊かな水辺環境と共生した地域社会を構築していくには，河川を子どもの遊びなどの文化的営みを支える親水空間として，地域で賢く利用していくことが大切であろう．

　ところで，子どもの親水利用には，上述した教育的効果のみならず，コミュニティ形成という役割もあると筆者は考えている．子どもは，遊びを通して多様な人物とのコミュニケーションを図っていることが推察され，川遊び場が子ども同士の人間関係を拡張する場として機能していると考えられる．本項では，河川・水路が住民の憩いの場として機能している岐阜県郡上市八幡町（以下，郡上八幡）を事例に，子どもの川遊びにおける人的交流を可視化し，コミュニティ形成に寄与する子どもの親水利用の要件を述べたい．

図4.5　郡上八幡で子どもが遊ぶ様子

b. 岐阜県郡上市八幡町の子どもの川遊びにみるネットワーク形成

　郡上八幡は，長良川上流域に位置しており，長良川とその支流（吉田川，小駄良川）によって形成された谷底平地上に市街地が展開している．また，三方を山林原野に囲まれ，地域一体が豊富な湧水に恵まれていることから，住民は生活用水や防火用水として今なお活用している．こうした水文化が根づく本地域では，子どもが川で元気に遊ぶ姿が夏の風物詩となっている（図4.5）．

　本地域の小学4〜6年生125名を対象に実施したアンケート調査によれば，「川遊びを通して知り合った友達がいる」割合は，全体の53.6％に及び，この割合は，普段の川遊びの人数が多いほど増加する傾向があった[3]．この結果は，子どもたちが川遊びを通して人的ネットワークを拡張しており，その傾向は普段遊ぶ相手の数が多いほど強いことを意味している．

　ここで，夏期の放課後，川遊びを行っていた子どもたちを対象に，社会ネットワーク分析を用いて人物間の関係性の変化の可視化を試みた．社会ネットワーク分析とは，行為者間の関係を定量的に測定し，分析するアプローチである．本事例では，16：25〜17：30に川で遊んでいた子ども21名のデータを使用し，川に出現した当初（16：25）から，途中の段階（16：45，16：52），川遊び終盤（17：10）までの4時点における子どもの人的ネットワークを可視化した（図4.6）．

　ここで，各ノード（a〜uの点で表されている）は子どもを示しており，ノード間を結ぶ紐帯は彼らが一緒に遊んでいたことを示している．当初（16：25時

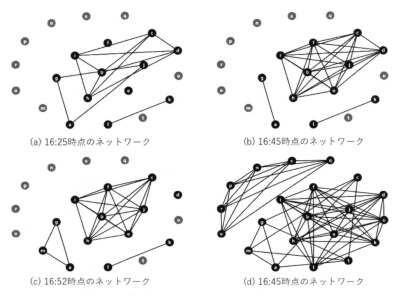

(a) 16:25時点のネットワーク　　　　　　(b) 16:45時点のネットワーク

(c) 16:52時点のネットワーク　　　　　　(d) 16:45時点のネットワーク

図4.6　川遊びしていた子どもたちの遊びネットワーク

点）では12名の子どもが遊んでおり，途中の段階（16：45，16：52時点）になると，遊び相手が変わり，遊び集団が変化していることがわかる．そして終盤（16：45時点）では，子どもたちは大きな集団で遊んでいた．これらより，子どもは，川で遊ぶ中で遊び相手を変えながら，徐々に遊び集団を拡張していたことが実証的に示された．

c.　コミュニティ形成を促す子どもの親水利用の要件

　子どもたちの人的交流を促すには，どのような川遊び場が求められるのか．郡上八幡で遊んでいた子どもたちからは，以下のような意見があった．

　意見1：（郡上八幡では）川で遊ぶ場所が決まっとるもんで，みんなそこで遊ぶ．（だから川遊び場では）みんな知り合い（になる）．

　意見2：（川遊び場に来た遊び集団の中に，共通の）友達がいたら（その集団の）みんなで一緒に遊ぶ．

　本地域では，遊び場所が吉田川と小駄良川の3カ所に特定され，地域の川遊び場として住民に認知されている．意見1は，こうした背景から出たものである．先の事例においても，子どもたちは，その場で居合わせた者同士で一緒に遊んでいた．意見2では，多くの人数で川遊びを行うことが，他の遊び集団と

の間に共通の友達を有する確率を高めることを示唆している．これは，先のアンケート結果からも支持されよう．以上から，子どもの人的交流を促すには，川遊び場を特定し，複数名で遊ぶことをローカルルールとして講ずることが肝要である．

本項では，郡上八幡での子どもの川遊びを例に，河川の親水利用が子どものコミュニティ形成に寄与することを示し，その要件を述べた．一方で，河川の流況は，流域の降雨の影響をダイレクトに受ける．局所的な突発豪雨など自然的変動が激化している昨今，親水利用の安全性をいかに支えるかも，親水空間の形成には重要な視点である． 〔新田将之〕

引用文献

1) 国土交通省（2021）：河川データブック 2021.
   https://www.mlit.go.jp/river/toukei_chousa/kasen_db/index.html（参照 2022 年 4 月 30 日）
2) 畔柳昭雄（2014）：第一章　親水と時代，日本建築学会編，親水空間論—時代と場所から
   考える水辺のあり方，pp.16-35，技報堂出版．
3) 新田将之ほか（2017）：子どもの多様な川遊びの安全性を支える地域の社会的仕組み，農
   村計画学会誌，**36**（論文特集），350-355．

4.3 湿地を活用した防災・減災

4.3.1 Eco-DRR の概念と国内の動向

a. Eco-DRR の概念と経緯

Eco-DRR は Ecosystem-based Disaster Risk Reduction の略で，生態系を活用した防災・減災と訳され国際的な防災への取り組みの中で出てきた考え方である．環境省[1]によると，生態系と生態系サービスを維持することで，危険な自然現象に対する緩衝帯・緩衝材として用いるとともに，食糧や水の供給などの機能により，人間や地域社会の自然災害への対応を支える考え方とされている．

古田[2]によると，Eco-DRR は 2004 年のスマトラ沖地震をきっかけに広まり，IUCN によって名づけられた．2005 年に兵庫県神戸市で開催された第 2 回国連防災世界会議では，「兵庫行動枠組（HFA）」が採択され，災害リスク削減（Disaster Risk Reduction：DRR）がその考え方の中核におかれた．HFA は 5 つの柱から構成されているが，4 番目の柱「潜在的リスク要因の軽減」の中で環境，

天然資源管理があげられ，リスクや脆弱性を軽減するための生態系の管理が位置づけられた．さらに2008年にはEco-DRRを進めるための国際的なパートナーシップ，PEDRR（Partnership for Environment and Disaster Risk Reduction）が設立された．

　2015年に宮城県仙台市で行われた第3回国連防災世界会議の仙台防災枠組において，「ハザードへの暴露（exposure）及び脆弱性（vulnerability）を予防・削減し，応急対応及び復旧への備えを強化し，強靱性を強化する」とされた．HFAの枠組みを一歩進め，暴露と脆弱性の概念がより明確に示された．仙台防災枠組では，「優先行動3：強靱性のための災害リスク削減のための投資」の中で，「(g) 居住安全地域の特定，同時に災害リスク削減に役立つ生態系機能の保全等を通じ，特に山岳部や河川，沿岸の氾濫原，乾燥地，湿原，その他干ばつや洪水の危険にさらされる地域などの農村開発計画や管理において，災害リスクの評価，マッピング，管理を主流化するよう促進する」，「(n) 生態系の持続可能な利用及び管理を強化し，災害リスク削減を組み込んだ統合的な環境・天然資源管理アプローチを実施する」など，生態系の管理と防災の関係性が明瞭に位置づけられた．

b.　Eco-DRR の2つの場面

　Eco-DRRには，防災機能を有している生態系・自然環境を認識し保全するという場面と，生態系の防災機能を強化あるいは導入し防災に活用する場面がある．

　前者に関しては，「Eco-DRRは持続可能で，回復力（レジリエンス）のある開発を達成するために，災害リスクを低減するための生態系の管理，保全，再生である」[3]，「湿地，森林，沿岸システムなどのよく管理された生態系は，地元の生計を維持し，食料，水，建設資材などの不可欠な天然資源を提供することによって，多くのハザードへの物理的暴露を減らし，人々と地域社会の社会経済的回復力を高める」[4]．すなわち「生態系の管理は災害インパクトに対する自然資本や人間のレジリエンスを高めるだけでなく，他の社会的，経済的，環境的な便益を多くのステークホルダーにもたらし，さらに，そのことがリスクを軽減する」としている．沿岸湿地，湿原，砂丘，森林などは，高潮防除，水害防除，防風，土砂流出抑制などの防災機能を有しており，それらの環境の破壊は災害に対するレジリエンスを大幅に損ねることになる．

一方，日本では海岸林，河川沿いの水害防備林，水田の遊水地化など，生態系を活用した伝統的な防災工法が各地で導入され，効果を発揮してきた歴史があり，後者の側面も軽視することはできない．近年，都市の雨水処理対策としての雨庭などのグリーンインフラ，農村域での水田の防災機能を強化した田んぼダムなどが注目されており，Eco-DRR の活用がいよいよ本格的に始まったものと思われる．

c. 日本の代表的な Eco-DRR

代表的なものをあげれば，河川では矢部川，錦川などの水害防備林，九頭竜川，黒部川，北川などの霞堤，千歳川流域遊水地群，渡良瀬遊水地，麻機遊水地などの遊水地，釧路湿原，アザメの瀬などの湿原，蕪栗沼などの湖沼などが治水機能をもっている．

河口域では南西諸島のマングローブ林，蒲生干潟などの砂嘴・ラグーン，干潟などが，また南西諸島のサンゴ礁などが高潮や津波防除効果をもっている．

虹の松原などの海岸林は全国各地にみられ，飛砂防止，防風のために江戸時代から植栽・管理されているものが多く，多数の事例がある．

山林域では六甲，日光，田上山に代表される緑化砂防，足尾銅山や別所銅山の緑化などは土砂流出量の抑制に貢献している．水源林，阿蘇の草原は水源涵養機能を有し，渇水被害を軽減している．

砺波平野の防風屋敷林や大井川・松浦川の舟形屋敷，東北地方の居久根などの屋敷林もあげられる．

延焼防止のための隅田公園や浜町公園などの震災復興公園，駿河台緑地や梅田再開発（梅北第2期工事）などの治水効果やヒートアイランド防止に寄与するグリーンビルディング，グリーン再開発があげられる．対象とするハザードは洪水，土砂崩れ，高潮，津波，飛砂，強風，豪雪，火災，赤土の流出，渇水など多岐にわたっている． 〔島谷幸宏〕

引用文献
1) 環境省自然環境局（2016）：生態系を活用した防災・減災に関する考え方．
2) 古田尚也（2022）：グリーンインフラ，Eco-DRR の定義と世界の動向，皆川朋子編集幹事，一柳英隆ほか編，社会基盤と生態系保全の基礎と手法，pp.152-155，朝倉書店．
3) Estrella, M. *et al.* (2013)：Reduction (Eco-DRR): an overview, *The Role of Ecosystems in Disaster Risk Reduction*, p.26, UNU Press.

4) Sudmeier-Rieux, K. and Ash, N. (2009)：Environmental Guidance Note for Disaster risk reduction：Healthy Ecosystems for Human Security, IUCN.

4.3.2　アザメの瀬と霞堤

a.　自然再生でつくられた湿地「アザメの瀬」

　アザメの瀬（図 4.7）は，佐賀県唐津市に 2008 年に自然再生事業で造成された湿地で，松浦川と連続した，環境の異なる 6 つの池を中心に構成されている．

　アザメの瀬は，もともと洪水のたびに湛水する田んぼであった場所を掘り下げ，湿地を造成した．松浦川の水位が上がると開口部から洪水が流入するようになっており，6 つの池はそれぞれ洪水の水位によって水につかる頻度が異なり，アザメの瀬だけで多様な湿地環境が創出されている．

　アザメの瀬は，河川管理者，地元住民，専門家などが繰り返しワークショップを行い形づくられた．多様な関係者によって集積された知は，地域知と科学知の融合により，治水と自然再生を共存させた．

　攪乱頻度の変わる池のデザインは，出水頻度に合わせた地盤高のコントロールに基づいており，土砂の流入，生物の移動，特に繁殖への利用などがなされ，自然の機能によって自然が再生される科学知に基づいたデザインとなっている．

図 4.7　アザメの瀬

　一方で，アザメの瀬に洪水が流入する開口部を河川の下流側に設置することで，洪水の流入を非常にゆるやかにするデザインは，アザメの瀬の上流に現存する氾濫原霞堤の構造を参考にしている．また，松浦川とアザメの瀬の間にある堤防には，地元の意見を反映して水防林が設けられている．霞堤や水防林は日本の伝統的な河川技術で，地形や地質，土地利用など地域の状況に最適化する地域知によって形成された技術である．

b. 大川野の氾濫原霞堤

　松浦川にはアザメの瀬から約5km上流の大川野地区にアザメの瀬で参考にされた氾濫原霞堤が現存している（図4.8）．

　霞堤は大きく2種類に分けることができ，急流河川で川筋をコントロールするものを扇状地霞堤，勾配のゆるい平野部で霞堤に水をためることで様々な効果を期待するものを氾濫原霞堤と呼んでいる．

　大川野の霞堤は支川の合流点に位置しており，アザメの瀬同様に下流部に位置する開口部からの流入や，支川の氾濫を霞堤内に貯留できる仕組みになっている．洪水の流入は極めてゆるやかで霞堤内の水田を傷めず，客土効果が期待できるため，農地として利点もある．また，地元の高齢者は，かつては霞堤内に洪水が流入すると，魚捕りに出かけていたと口をそろえ，食料の供給やレクリエーションの役割も担っていたことがうかがえる．

　アザメの瀬でも，洪水時に生物や土砂の流入はみられ，特に生物の産卵・一時避難場所としての利用が目立つ．

図4.8 大川野霞堤

c. Eco-DRR としてのアザメの瀬と大川野の氾濫原霞堤

　アザメの瀬は自然再生によって造成された湿地，大川野の霞堤内は氾濫原の水田で，ともに湿地環境で多様な生物に生息環境を提供している．一方でアザメの瀬も大川野霞堤もともに洪水時の遊水機能をもち，Eco-DRR の典型的な事例となっている．さらに霞堤の逆流氾濫の技術は，自然と共生してきた伝統的な日本の自然観に基づき，洪水被害を最小限に抑え，恵みも享受できる仕組みとなっている．つまり，日本の伝統的な技術は Eco-DRR をさらに強化できる可能性をもっている．　　　　　　　　　　　　　　　　　　　　　　〔寺村　淳〕

参考文献
・土木学会 景観・デザイン委員会：土木学会デザイン賞ウェブサイト．
　http://design-prize.sakura.ne.jp/（参照 2022 年 8 月 23 日）
・Teramura, J. and Shimatani, Y. (2021)：Advantages of the open levee (Kasumi-Tei), a traditional Japanese river technology on the Matsuura River, from an ecosystem-based disaster risk reduction perspective, *Water*, **13**(4), 480.

4.3.3　虹の松原

a. 沿岸の生態系の防災機能

　沿岸部の生態系は様々な災害外力を減衰することが知られている．マングローブ林が高潮や津波を減勢させることは，Eco-DRR の代表的な事例としてよくあげられる．マングローブだけでなく海岸林の役割も多様で，日本では各地に松原が設けられ，塩害防除や海岸防風林としての役割を果たしてきた．

　また，海中ではカキ礁やサンゴ礁が波浪などを軽減することが知られている．

b. 虹の松原

　佐賀県の北部，唐津湾には先に紹介した松浦川が流れ込み，河口の東側の沿岸には松原が広がっている．この松原は，日本三大松原の一つに数えられる「虹の松原」（図 4.9）で，国の特別名勝にも指定されている．奥行きが 500 m，延長が約 4 km，総面積は約 214 ha あり，近世初期より維持保全されてきた．

　虹の松原の語源は，かつては二里に及ぶ松原が続いていたことに基づいており，江戸時代には現在より大規模な松原が広がっていた．初代唐津藩主寺沢志摩守広高は，唐津湾奥の平野部の新田開発促進のため，海岸林の保全と造成を目的にクロマツの植林を行った．また，松原の保全を目的に，伐採や松葉の利

図 4.9 虹の松原

用なども厳格なルールを決めていた．松の伐採については，松原内に藩主の大切にする木が7本あるとし，これの具体を示さないことで，不用意な伐採を禁じた．松葉などの利用については，背後地の村々に利用の権利と管理の義務を与え，松原の管理をした．

c. 松原の管理と利用

松は古来，松葉や枯れ枝などは燃料として，また木材としても水に強い特性などから杭材などとして重宝されてきた．さらに耐塩性が強く，強風などにも強いこともあり，松原は防災と資源生産の両側面から日本各地でみられるものであった．しかしながら，恒常的な管理を要し，近年の資源利用の機会喪失，松枯れ，土地利用の変化などからその価値認識が変容してきている．

虹の松原では，現在では市民団体の活発な活動や利用がみられ，落葉掻きなどの積極的な管理がなされている．松原はこれらの管理によって貧栄養化し，松の育成や松露など松原特有のキノコの発生に寄与している．唐津銘菓松露饅頭は，虹の松原が地域の中で丁寧に管理され続けてきた環境であることを示している（図 4.10）．

d. 虹の松原の防災機能

松原は，有用木としての役割もあるが，本来は海からの様々な影響を軽減することが大きな目的である．海からの風は，塩や砂を運び，田畑に塩害を及ぼす．また強い海風は作物などの倒伏などを起こす．

海岸沿いに松原を設けることによって，防風・防塩・防砂機能が期待できる（〈e〉図 4.1）．また，高潮や津波発生時にはマングローブ林同様に減衰効果がある．

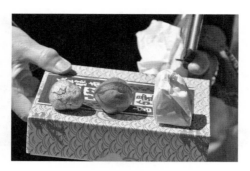

図4.10　松原にみられる松露と松露饅頭

　海岸林は，植生の種類は違っても同様の効果が期待されたものが世界中でみられ，田畑や集落が樹林帯によって守られている．　　　　　　　　　〔寺村　淳〕

参考文献
・中里紀元編著（2005）：国の特別名勝・唐津市　虹の松原—その歴史と文学及び虹の松原一揆の歴史と資料考，松浦文化連盟.

4.4　湿地を活用した気候変動対策

4.4.1　ブルーカーボン生態系の保全戦略

a.　ブルーカーボンとは

　海洋生物によって大気から吸収され海洋中に貯留されるカーボンを，陸上植物によって吸収・貯留されるグリーンカーボンと対比してブルーカーボン（BC）と呼ぶが，その用語は2009年の国連環境計画（UNEP）のレポート[1]ではじめて使われたものである．以来，ブルーカーボンに関する研究が急速に進展しているが，全球的にみたブルーカーボンによる大気中 CO_2 吸収・貯留の能力がグリーンカーボンに匹敵することから，気候変動対策の有力な手段の一つとして，政策面でもブルーカーボンへの注目が高まっている．しかし，現実には，ブルーカーボン生態系の主要構成要素であるマングローブ林や海草藻場が各地で衰退してきている．例えば，ブルーカーボン生態系の世界的ホットスポットであるコーラル・トライアングル（インドネシア，フィリピン，マレーシア，東ティモール，パプアニューギニア，ソロモン諸島を含む三角形状の海域）

では，マングローブ林の大規模伐採による養殖池等への転換などの人為的な影響により，衰退傾向が顕著である．そのため，本来の CO_2 吸収の場としてではなく CO_2 放出の場となっており，早急にブルーカーボン生態系保全・再生戦略を構築していく必要に迫られている．

　本項では，科学技術振興機構（JST）と国際協力機構（JICA）による地球規模課題対応国際科学技術協力プログラム（SATREPS）において，筆者が日本側代表者を務めている国際共同プロジェクト「コーラル・トライアングルにおけるブルーカーボン生態系とその多面的サービスの包括的評価と保全戦略」（略称：*Blue*CARES，相手国：フィリピン，インドネシア，研究期間：2017～2022年度）での，いくつかのユニークな取り組みを紹介する．

b. 全国規模モニタリングネットワークシステム CNS

*Blue*CARES プロジェクトでは，フィリピン，インドネシアでのブルーカーボン生態系動態の全容を明らかにするための体制として，様々な関係機関，組織，一般市民をネットワーク化し，相手国代表機関をコアセンター組織とする "Core-and-Network" システム（CNS）の構築を目指している．図 4.11 にフィリピンでの CNS の構成図を示す．そこに示しているように，フィリピンの CNS は 3 クラスター構造で，各クラスターに CNS サブ・コアとしての組織を有するかたちとなっている．同システムは，ネットワーク型広域モニタリングの持続

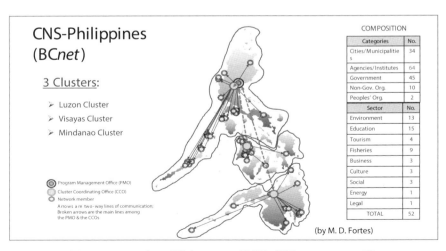

図 4.11　フィリピンで構築中の CNS の構成図（作図：M. D. Fortes 氏）

的展開と，それを担う人材育成の機能を併せ持つ．"Core-and-Network" システムという名称は，広域モニタリングネットワークにおけるコア組織の役割を重要視したもので，コア組織は，CNS の各サイトで得られる定期的モニタリング結果の収集・統合解析やその結果の各サイトへのフィードバック，政策立案セクターへの提言といった役割を担う．CNS でのモニタリング対象は，BC 生態系動態（地下部も含む），関連するサンゴ礁や隣接流域などの周辺系，BC 生態系動態に影響する様々な環境要因，直接・間接的な環境ストレスを生み出す社会・経済的要因など，多岐にわたる．そして，定期的なモニタリングによって，巨大台風などによる BC 生態系のダメージやその後の回復過程といったイベント型のプロセスも含む，様々な時間スケールでの変動過程を明らかにすることを意図している．モニタリング手法も多岐にわたるが，近年急速にコストパフォーマンスを向上させてきているドローンによるリモートセンシングを積極導入している．また，全国規模マッピングの手段としては衛星リモートセンシングが欠かせないが，本プロジェクトでは，マングローブ林に関して，Mangrove Vegetation Index（MVI）と名づけた指標を開発するとともに，Google Earth Engine などと組み合わせた半自動画像解析手法[2] を開発することにより，高精度かつ低コストで迅速に全国規模マッピングを行うことに成功している．

c. 統合多重スケールモデルシステム

*Blue*CARES プロジェクトでは，各種のモニタリングに加えて，図 4.12 で示す統合多重スケールモデルシステムの開発も行っている．同システムは，マングローブ植生動態モデル，海草藻場動態モデルなどからなるローカルスケールモデル群と，コーラル・トライアングル海域全体をカバーする，広域スケール 3 次元流動・物質輸送・低次生態系モデル，さらに陸域からの負荷やグリーンカーボンの流出を評価する陸域モデルから構成されている．構成要素モデルの多くが従来にない革新的なモデルになっており（例えばマングローブ植生動態モデル[3]），それらを多重スケール連結することによって，ブルーカーボンのみならずグリーンカーボンも含めたカーボン動態を，陸域−沿岸−外洋−海底の統合系の中で定量的に把握することが可能になる．そして，現象解明のみならず，コーラル・トライアングル域での様々な環境変動要因のもとでの BC 生態系の将来予測や，いくつかの政策オプションの有効性を定量評価するためのシナリ

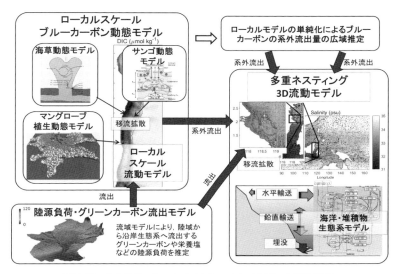

図 4.12　統合多重スケールモデルシステム（作図：中村隆志氏）

オ分析ツールとしての応用も期待できる.

d. 「ブルーカーボン戦略」の構築と展開に向けて

　本プロジェクトでは，BC 生態系保全再生に関わる科学的なベースに基づく効果的アクションのための包括的なガイドライン・ツールとして，以下の基本的な問いに答えるかたちの「ブルーカーボン戦略」を構築することを目指している.

　1）いかにしてブルーカーボンの実態を評価すればいいか？

　2）ブルーカーボン生態系は良好に保全されているかあるいは劣化しているか？

　3）劣化しているとすれば，その原因・因果関係は？

　4）もし適切なアクションを起こさなければ将来何が起こるか？　複数の政策オプションの中で最適なものは何か？

　5）ブルーカーボン生態系をいかにして適切に保全すればいいか？

　6）いかにして沿岸生態系保全の努力をブルーカーボンにリンクさせるか？

先述の CNS 構築や統合多重スケールモデルシステムは，この BC 戦略の主要ツールとなる. 特に，CNS は，モニタリングネットワークとしての機能に加えて，BC 戦略の各地域での社会実装ツールとしての役割も期待される. 今後は，フ

ィリピン，インドネシアだけでなく，さらに，コーラル・トライアングル域内
や周辺国にも CNS を展開することで広域スケールでの CNS を構築し，広域統
合ネットワークベースの BC 生態系保全・再生方策の実現を目指したい．

〔灘岡和夫〕

引用文献

1) Nellemann, C. *et al.* (2009): Blue carbon: a rapid response assessment, United Nations
Environmental Programme, GRID-Arendal, Birkeland Trykkeri.
2) Baloloy, A. B. *et al.* (2020): Development and application of a new mangrove vegetation
index (MVI) for rapid and accurate mangrove mapping, *ISPRS Journal of Photogram-
metry and Remote Sensing*, **166**, 95-117.
3) Yoshikai, M. *et al.* (2022): Predicting mangrove forest dynamics across a soil salinity
gradient using an individual-based vegetation model linked with plant hydraulics, *Bio-
geosciences*, **19**, 1813-1832.

4.4.2　泥炭湿地の再生を通じた温室効果ガスの排出削減

a. 泥炭湿地と地球温暖化

インドネシアのカリマンタン島やスマトラ島を車で走っていると，果てしな
く広大な土地に同一種の木々が延々と等間隔で植えられた，生命の気配が感じ
られない，不可思議な林を目にする．アブラヤシ農園である．西アフリカ原産
のアブラヤシから採取されるパーム油は，マーガリン，ポテトチップス，カッ
プ麺，アイスクリーム，パン，洗剤や化粧品など，私たち日本人にとっても身近
な食品・日用品の原料として，インドネシアなどから日本に多く輸入されてい
る．実はこのアブラヤシが，地球温暖化の大きな原因の一つとなっているのだ．
アブラヤシの多くは，インドネシアやマレーシアの泥炭湿地帯に植栽されて
いる．泥炭湿地は，年間降水量が多く，土地が冠水しやすい地域において，枯
れた樹木などがあまり分解されずに，過去数千年にもわたって堆積することに
よって形成された湿地である（図4.13）．この泥炭湿地には，世界の森林の約2
倍もの炭素が蓄積されているといわれる[1]．また，泥炭湿地は生物多様性の宝
庫でもあり，例えばカリマンタン島の泥炭湿地では，絶滅危惧種のオランウー
タンをはじめ，44種の固有の哺乳類，37種の固有の鳥類，約1万5000種類も
の植物の生息が確認されている[2]．そして，泥炭湿地は生活用水，魚，木材，非
木材林産物など，地域住民にも多くの恩恵を与えてきた．

図4.13 泥炭湿地の様子（インドネシア・中央カリマンタン州，筆者撮影）

　ところが1970年代頃より，泥炭湿地の減少・劣化が急速に進んだ．泥炭湿地の多くでは，アブラヤシ農園やパルプ材生産林などの農林地に転換するため，もともと湿地帯に生えていた在来の木々が伐採され，広範囲にわたる湿地の水が排水されてきた．そのため，近年では多くの泥炭湿地の水位が低下し，泥炭が乾燥して分解されやすくなっている．泥炭が分解されると，多量のCO_2が大気中に放出される．また，そうした農林地の周辺において，農民がさらなる農地造成のために火入れを行うと，それらが時に大規模な火災を誘発し，膨大な量のCO_2が排出される．1997年にインドネシアで発生した大規模な泥炭火災によって大気中に放出されたCO_2の量は，全世界の化石燃料からの年間CO_2排出量の13～40%に匹敵するとの研究結果もある[3]．2018年のラムサール条約第13回締約国会議で採択された決議（XIII.13）においても，地球温暖化対策における泥炭湿地の保全・再生の重要性が強調されている．こうした現実の背景に，私たちが日々パーム油製品を消費していることが深く関係しているのである．

b. 再湿地化による温室効果ガス排出削減への挑戦

　こうした事態への対応策として，泥炭地の「再湿地化」の取り組みが近年各地で行われている．再湿地化とは，過去に泥炭湿地から水を排水するために掘削した水路に，簡易な木製のダムを建設するなどして，水をせき止め，湿地の水位を再び上昇させることである．再湿地化に成功すれば，泥炭の急速な分解を防ぐことができ，また火災が発生しにくくなることから，温室効果ガスの大幅な排出削減が期待できる．さらに，再湿地化を行った泥炭湿地に，在来樹種

の植林などを行うことができれば，徐々に生物多様性が豊かであったかつての泥炭湿地を取り戻していくことも可能かもしれない．

しかしながらこの再湿地化は，決して容易な作業ではない．近年では多くの農民が，乾燥化した泥炭地において，アブラヤシ生産を含む農林業によって生計を立てている．乾燥化した泥炭地において火入れを行うことで農作物を育ててきた農民にとっては，農林地が再び水浸しになれば，生計手段を失うことにもなる．このため，先進国や政府の支援などにより，再湿地化のためのダムが建設された後に，それらのダムが住民によって破壊されたという事例も報告されている．多くの人々が泥炭地に居住し生計を立てている状況下において，温室効果ガスの排出削減などといった「よそ者」の価値観のみに基づいて再湿地化を推進しようとしても，その実現は難しいのが実情である．

ではどうすれば，泥炭湿地の再生と住民の生活を両立できるのだろうか．再湿地化を行った泥炭湿地においても生育し，また住民の収入創出にも寄与する可能性がある在来樹種としては，ビンタンゴル（建材），ジュルトン（チューインガムの原料）などがある[4]．しかし，こうした樹種も売れる大きさに成長するまでには時間がかかるため，他の収入源も必要となる．そこで例えば，泥炭湿地での魚の養殖を組み合わせるという方法もある．または，市場の需要があり，泥炭地においても短期間で収穫・販売が可能な農産物（パイナップルなど）をなるべく火入れを行わずに生産し，在来樹種が育つまでの間，それらの販売を通じて収入を得られるようにすることも一案である．

そして言うまでもなく，大量のパーム油を消費している私たち日本人が，日々の生活を見直すことも重要である．日々消費している食品や日用品の原材料がどのように生産されたのかを把握し，環境への負の影響が少ない商品を購入できるよう努力するだけでも，温室効果ガス排出削減へ向けた大きな一歩となる．いつの日か，インドネシア各地に延々と広がるアブラヤシ農園が，生命と恵みにあふれる，豊かな泥炭湿地に再び生まれ変わることを，願ってやまない．

〔新井雄喜〕

引用文献

1) Gardner, R.C. and Finlayson, M. (2018): Drivers, Global Wetland Outlook: State of the World's Wetlands and their Services to People, Ramsar Convention Secretariat.

2) MacKinnon, K. *et al.* (1996)：*The Ecology of Kalimantan: Indonesian Borneo*, Periplus Editions（HK）.

3) Page, S. E. *et al.* (2002)：The amount of carbon released from peat and forest fires in Indonesia during 1997, *Nature*, **420**(6911), 61-65.

4) H. グナワン・小林繁男（2012）：荒廃した泥炭湿地林生態系の修復，川井秀一ほか編，熱帯バイオマス社会の再生—インドネシアの泥炭湿地から，pp.371-393，京都大学学術出版会.

4.4.3　エルサルバドルにおける気候変動適応に貢献するゾーニング計画

a.　湿地保全と気候変動対策

　湿地は生物多様性保全上の重要性にとどまらず，生活の基盤として多くの恩恵を地域社会にもたらしている．その一方，気候変動の影響に脆弱な生態系であり，大雨や短時間強雨により，洪水や土壌侵食が発生し，湿地生態系が劣化し，地域の生活に甚大な被害をもたらす事例が目立っている．

　本項では，中米エルサルバドルにおいて，ラムサール条約の登録湿地の管理のために2016年3月から5年半活動し2021年9月に終了した，JICA技術協力プロジェクトの経験を紹介する．エルサルバドルは，湿地保全を環境管理上の重点課題として掲げ，8つのラムサール条約の登録湿地（ラムサールサイト）を指定している．本プロジェクトでは，2つのラムサールサイトを対象に，湿地保全とワイズユース（賢明な利用）のモデルを創出することを目的として様々な活動を実施した．本項ではその中から特に，セクター横断型の取り組みを示した「湿地管理計画」の中で，気候変動適応策を考えるうえで中核となったゾーニングの試みについて紹介したい．

b.　湿地管理のためのゾーニング

　生態系保全の観点からみると，その土地の保全上の重要性に応じて，必要な環境規制を加えることは重要である．特に湿地生態系は，流域全体からの土砂，汚染物質の流入などが劣化の原因となっており，土地利用を流域ベースで適正化することが鍵となる．その対策を実施する基礎となるのが，土地の分類，つまりゾーニングである．

　湿地管理では，土地利用と環境規制のバランスを重視し，湿地保全と経済活動双方にとって実施可能な方法を模索することが重要である．そのためプロジェクトでは，生態系保全の視点だけでなく，土地利用の適切性に基づくゾーニ

ングを組み合わせ，湿地保全と経済活動の両立を図ることを方針とした．さらに，経済活動（主に農牧畜業）の気候変動に対する強靱性を向上させることも目指した．

c. プロジェクトの目指した土地利用：ゾーニングマップの策定

2002年のラムサール条約第8回締約国会議（COP8）の決議VIII.14において，ゾーニングの方法は，ユネスコエコパーク（biosphere reserve：BR）に準拠することが推奨されている．ユネスコエコパークのゾーニング・ガイドラインでは，生態系の重要度に応じて「核心地域（core：法的な位置づけをもち長期的に生態系の保全を図る地域）」，「緩衝地域（buffer：核心地域保全のための緩衝地域）」，「移行地域（transition：地域経済の発展のために持続可能な利用を認める地域）」に分類している．これは，生態系保全の観点から有効な手法である一方，自然環境を保全する立場から他のセクターへ示すようなかたちとなる．私たちは，さらに「土地利用ポテンシャル」というコンセプトを加え，その議論に農牧畜省を巻き込むことにより，より実践的かつ包括的な湿地管理ゾーニングを目指した．以下に具体的な手順を，図4.14にその概念図を示す．

1) 生態系ゾーニング（ecological zoning）：生態系の重要度に応じ，土地被覆図や森林分類などを参考に，保全の優先度と必要な規制を示す．

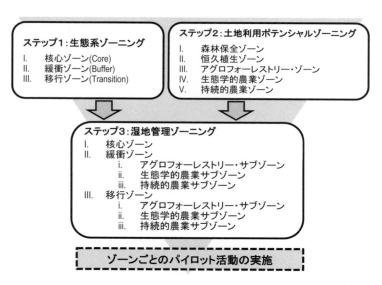

図4.14　プロジェクトが採用した湿地管理ゾーニングの手順の概念図（筆者作成）

2) 土地利用ポテンシャルゾーニング（land use potential zoning）：各土地の
持つ土地利用ポテンシャルに応じ，農業生態系区分や土地分級図（Land
Capability Classification：LCC）などを参考に，適正な土地利用方針を示
す．

3) 湿地管理ゾーニング（wetland management zoning）：上記2図の統合に
より，生態系保全と経済活動の両立のための土地利用指針を提供する．

d. 湿地保全におけるワイズユースの促進

湿地保全に関係する多様なアクターたちは，異なる立場であっても，互いの
利害が重なる部分が必ず存在する（図4.15）．本プロジェクトの実施機関であ
る天然資源環境省は，環境保全や気候変動対策を進める立場にあり，農牧畜省
は農業利用を進める立場にあるが，環境への負の影響が少ない持続的な土地利
用や，気候変動に対して強靱な生産システムを構築する責務も有する．したが
って，そのために天然資源環境省と協力することにも関心がある．

セクター横断型の湿地管理を進めるためには，このように関心や責務の重な
った部分を見つけ出し，互いの施策や人的リソースを突き合わせ，互いにメリ
ットがある活動を実現させることが重要である．プロジェクトでは，実際に各
ゾーンにおいて，どのように土地利用の適正化を進めるかの事例を示すととも
に，4つのパイロット・プロジェクトを実施した．そのうちの一つは，気候変
動適応策として生態系を活用した防災・減災（Eco-DRR）を目的とした．

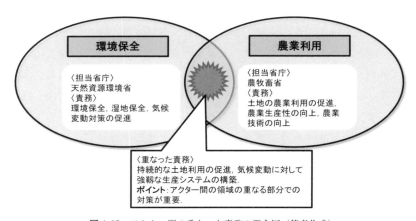

図4.15 アクター間の重なった責務の概念図（筆者作成）

e. 「広域化」と「セクター横断型」を実現する技術指針

　各国政府が湿地保全を進めるとき，様々なアクターを調整し対策を促進する中心官庁として据えられるのは，ほとんどの場合は環境省である．しかし，実際に土地を所有し利用するのは，様々な産業に従事する人々で，特に湿地保全は，周辺の土地の農林畜産業の協力なしでは実現しない．ラムサールサイトやユネスコエコパークのように，近年の自然環境保全の試みは，「広域化」や「セクター横断型」をトレンドとして発達してきた．しかし，それを進めるための実効性を伴ったツールの開発は，セクター横断型であるがゆえに必ずしも追いついていない．広域化やセクター横断型がお題目で終わらないよう，ゾーニングをはじめとする技術指針を充実させ，それにより利害の異なるアクター間の協力が実現し，環境保全だけでなく，気候変動適応策も推進されることが望まれる．

〔浅野剛史〕

参考文献

・エルサルバドル共和国天然資源環境省（2019）：Plan de manejo del humedal sitio Ramsar laguna de Olomega 2019, Ministerio de Medio Ambiente y Recursos Naturales, El Salvador.

4.5　良好な水辺環境づくり

4.5.1　東京湾のグリーンタイド

a. 緑潮，グリーンタイドとは何か

　富栄養化した内湾などの閉鎖的な海域では，植物プランクトンが異常増殖し海域を赤褐色に染める現象を赤潮，貧酸素水に伴って生成される硫黄化合物によって海域が乳青色に染まる現象を青潮，とその色で表現される現象が水環境や水産業へ悪影響を及ぼすことが知られている．本項ではそれらに加え近年報告されるようになった緑潮（以降，グリーンタイド）についての筆者らの研究成果に基づいた解説を行う．グリーンタイドは「海藻アオサ属の異常増殖と堆積現象」と定義され，アオサ属が浅海域の水面から海底までを浮遊しつつ占有し，汀線付近では重なり合って大量に打ち寄せられ，浅海域の広い範囲を緑色に染める現象であり，国内外を問わず報告されている．グリーンタイドの発生によって沿岸域の景観悪化，海藻の腐敗に伴う悪臭，水産物を含む他の生物の

死滅などの悪影響が懸念され，発生の都度寄せられる苦情に行政の対応が求められている．基本的には回収，除去，廃棄といった工程で処理されるが，水分や塩分を多く含んでおり多様な処理に要する多大なコストが課題となっている．

b. 東京湾におけるグリーンタイド：その調査研究の実際

日本国内でのグリーンタイドの発生報告は 1990 年以降に多く，主に富栄養化，具体的には窒素やリンの増加が検出された海域で多くみられる．日本国内でグリーンタイドを形成するアオサ属には，国内に広く分布しているアナアオサ（*Ulva pertusa*）やリボンアオサ（*U. fasciata*）に加え，南方系の新種ミナミアオサ（*U. ohnoi*）の影響が指摘されている．

東京湾沿岸域におけるグリーンタイドの発生状況を以下の 7 地点，千葉県習志野市谷津干潟，同船橋市三番瀬（ふなばし海浜公園地先干潟），同千葉市千葉ポートパーク地先海岸，同木更津市牛込干潟，同富津市富津干潟，神奈川県横浜市野島公園地先干潟，同川崎市東扇島東公園地先海岸で調査した．各調査地点におけるアオサ属上記 3 種（以降，アオサ類）の現存量と種組成の季節変化を図 4.16 に示す．

その結果，秋には全調査地でグリーンタイドが発生しており，最も現存量が多かった海域では発生密度はおよそ 2600 g 湿重量・m^{-2}（湿重量とは採取した

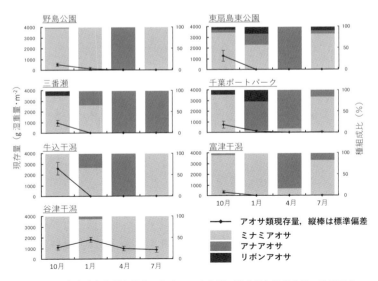

図 4.16 東京湾内各調査地点におけるアオサ類の現存量と種組成比の季節変化

アオサ類を水切りして軽く拭った後に計測した重量. 本単位はそれを $1\,m^2$ 当たりに換算した値), その他の地点でもいずれもおよそ $1000\,g$ 湿重量$\cdot m^{-2}$ であった. このように高密度にアオサ類が浮遊しながら成長できる理由として, アオサ類は明るい水表付近から薄暗い水底でも光合成を維持し成長できることを室内実験で明らかにした. 冬には谷津干潟以外の全地点でグリーンタイドは消失し, 春・夏はアオサ類の断片がわずかに点在するのみとなった. 谷津干潟では冬に現存量が最大, 夏には最小となりながらも年間を通じてグリーンタイドが形成された. グリーンタイド発生時には全調査地でミナミアオサが圧倒的に優占し, 他種は極めて少なくなった. 同じ環境条件下ではミナミアオサは在来種より光合成能力, 成長速度ともに優れていたことを室内実験を通じて明らかにしたことで, 東京湾各地におけるグリーンタイドはミナミアオサの大量発生に起因することを明らかにした.

通年でグリーンタイドが確認されていた谷津干潟ではミナミアオサの侵入に加え, 周辺の下水道整備に伴いかつての激烈な汚濁状態から一般的な富栄養状態への水質改善, 同時に淡水流入の減少によってアオサ類の生育へ適した塩分濃度へと水環境の変化が生じた. さらに気候変動やヒートアイランド現象に伴って冬季の水温低下が緩和されアオサ類の越冬が可能になった.

谷津干潟では 2017 年の猛暑以降, 全域に及ぶグリーンタイドは確認されなくなった. 南方系侵入種とされるミナミアオサであっても 30℃ 以上の水温や日中の干出はダメージが大きいことを室内実験で明らかにしており, 現地でその結果を実証したことになった. しかし 2022 年, 再びアオサ類が増え出したようである. 谷津干潟西側の干上がりにくい水域に生残していた藻体からの回復に加えて, 水交換のある東京湾他所から再び供給された可能性も考えられる.

c. 東京湾におけるグリーンタイドへの対応

このように繰り返し発生するグリーンタイドに対して, その根絶には有効な手立ては見つかっていない. 国内におけるグリーンタイドの現状と対策については, 2003 年から 2005 年にかけて愛知県蒲郡市が三河湾環境チャレンジプロジェクトの一環として取り組んだ成果を「アオサ活用に関する調査報告書」として報告しており, 対策例として回収に関連する事例が紹介されている. 能登谷らの著書[1] においてもアオサ類を材料とした多岐にわたる活用事例がよくまとめられているが, 対策としては回収に関する事例紹介となっていた.

　谷津干潟では 2010 年から環境省関東地方環境事務所が中心となって国指定谷津鳥獣保護区保全事業が開始され，2015 年には保全等推進計画が策定された．そこでは水鳥の採餌環境改善に加えて，周辺の生活環境改善，干潟に関する普及啓発が示されており，従来から実施してきた環境省委託のアオサ類の人力による回収（干潟の漁具であるマンガで集めボートに積んで陸に引き上げる）や習志野市による周辺公園エリアからのバキュームカーによる腐敗藻体の回収に加え，住宅地に隣接する谷津干潟の立地特徴を勘案し，機器モニタリングやウェブ経由の聞き取り調査によって干潟から発生する悪臭（主に硫化水素臭）の発生時期や位置を知り，干潟生態系への影響を最小に抑えつつ効果的な生態工法を選択することでアオサ類の過剰堆積対策を実施した．具体的には苦情の多い住宅地至近にアオサ類がたまらないよう干潟内地盤の嵩上げと水ミチ（澪）沿いに導流杭を設置し，アオサ類の東京湾への排出促進を試みている．あわせて東京湾へつながる流路内の堆積物除去についての検討も進めている．この間，観察センターによる藻体を活用したバイオプラスチック製品の製造・配布やプランターへの堆肥化，市民参加型の干潟生態系モニタリングやアオサ回収イベントも積極的に開催され，市民にアオサ類と干潟生態系への理解や関心を増してもらう活動が進められてきた．

　さて，上記の保全事業や推進計画では，アオサ類のグリーンタイドが人間生活にもたらす負の影響，すなわち生態系のディスサービスが強調されている．筆者らはこれまでの研究発表に加え，市民向け講演会やサイエンスカフェを通じて，外来種であるミナミアオサの侵入と定着が谷津干潟の生物多様性や生態系機能に及ぼす影響を説明してきた．ディスサービスに加えて，グリーンタイドによる新たな生態系サービスとして，アオサ類が平坦な干潟上に形成する重層的構造物効果に伴う底生生物への生息場提供，ガン・カモ類の一部やホソウミニナなどの腹足類への餌料環境創出，下水道整備に伴って泥干潟から砂干潟へ移行しつつある谷津干潟の内部で海水の栄養塩を吸収しつつ有機物を生産し，枯死後は分解産物を泥質の難分解性有機物，言い換えれば浅海域における炭素貯留「ブルーカーボン」として干潟に貯留させる効果を発揮していることなどを報告してきた．侵入種ミナミアオサは下水道整備を伴う都市化と気候変動の過程で東京湾を含む国内各地の浅海域に定着した生物であり，グリーンタイド発生水域からの完全駆除は容易に望めない．気候変動適応の観点からも，

ディスサービスだけでなく，供給される新たな生態系サービスとも向き合って評価すべき対象であり，市民生活の質や住環境としての資産価値に係る問題，ここでは悪臭問題，に関する科学的な現象把握から効率的対策へと注力すべきであることを提言する． 〔矢部　徹・石井裕一〕

引用文献

1) 能登谷正浩編著（2001）：アオサの利用と環境修復（改訂版），成山堂書店.

参考文献

・平岡雅規ほか（2002）：グリーンタイド，堀　輝三ほか編，日本藻類学会創立50周年記念出版21世紀初頭の藻学の現況，pp.98-101，日本藻類学会.
・Yabe, T. *et al.*（2009）：Green tide formed by free-floating *Ulva* spp. at Yatsu tidal flat, Japan, *Limnology*, **10**, 239-245.
・芳村　碧・矢持　進（2011）：大阪南港野鳥園北池におけるグリーンタイドの季節的変遷と原因海藻ミナミアオサの低塩分・干出耐性に関する研究，土木学会論文集B2，**67**(2)，I_1136-I_1140.
・Nakamura, M. *et al.*（2020）：Photosynthesis and growth of *Ulva ohnoi* and *Ulva pertusa* (Ulvophyceae) under high light and high temperature conditions, and implications for green tide in Japan, *Phycological Research*, **68**(2), 152-160.

4.5.2　グラウンドワーク三島による湧水保全

a. 汚れた川をホタル舞う清流に再生・復活

　皆さん，長く「ドブ川」だった川が，ホタルが乱舞し，子どもたちが水遊びに興ずる歓声が響く「清流」に蘇った事実を信じられるだろうか．グラウンドワーク三島（GW三島）は，地域協働の仕組みをつくり，30年間にわたり，富士山からの湧水が減少して環境悪化が進行した「水の都・三島」（静岡県）の水辺自然環境の再生・復活に「右手にスコップ・左手に缶ビール」を合言葉に取り組んできた．

b. 取り組みの概要

　GW三島は，1992年から，複雑にからみ合った困難な地域課題を解決すべく，バラバラに活動して利害が対立する市民・行政・企業間の調整・仲介役となり，共存共栄の新たな地域協働の仕組みづくりと具体的な環境保全・湧水保全の現場モデルを実践・蓄積してきた．

　この課題解決力の原動力は，GW三島に参画する20の市民団体が一体化した市民ネットワークの力であり，その多種多様な市民力・地域力を束ねる中間支

援組織としてのコーディネート・マネジメントの力である.

　活動の成果は, ゴミが捨てられ汚れていた源兵衛川の水辺再生や環境悪化の進行により消滅した水中花・ミシマバイカモ（三島梅花藻）の復活, 歴史的な井戸や「水神さん」の再生, 市内の幼稚園・小中学校を対象とした環境出前講座の開講, 市内4校での学校ビオトープの造成による環境教育活動など, 現在, 市内70カ所において実践地を蓄積してきている.

　これらGW三島の活動実績は, 地域協働のまちづくりの先進的なモデルとして, 国内外から高い評価を受け, 毎年約1500人, 約100団体が視察や研修に訪れており, 三島の現場モデルが全国モデル・成功モデルとして他地域にも波及している.

c.　代表的なプロジェクト

1）源兵衛川エコロジーアップ活動

　源兵衛川は, 中心市街地に位置する全長1.5kmの農業用水路・都市河川である. 1960年代半ばから深刻な環境悪化が進行したが, 1990年以降, 市民による年間40回以上の継続的な清掃活動と住民参加による親水公園化事業の計画づくり, 農林水産省の水環境整備事業の導入などの総合的な取り組みにより, 中心市街地に豊かな水辺自然空間の原風景と水と触れ合える「潤いの場」が復活し, 現在, 年間700万人を集客する主要な観光スポットになっている.

　GW三島は, 源兵衛川の環境モニタリング調査を行い, 水辺環境の経年的な生息状況の把握と外来種の除去など希少種の生息環境の再生活動を実施している. また, ホトケドジョウやゲンジボタル, カワセミが生息できる水辺環境の整備を図り, 源兵衛川から消滅したミシマバイカモを, 増殖基地である「三島梅花藻の里」から源兵衛川に移植させ, 多くの生き物が生息できる生物多様性の豊かな自然度の高い川や湿地をつくり上げてきた（図4.17）.

　さらに, 川の維持管理を担う人材育成に取り組み, 2004年から「リバーインストラクター養成塾」を開講し, 延べ200人の案内人を育成している.

　2016年11月には世界かんがい施設遺産に, 2018年1月には世界水遺産に登録され,「三島の宝物」が「世界の宝物」にブラッシュアップした.

2）松毛川千年の森づくり活動

　松毛川は, 源兵衛川の最下流域に位置する, 狩野川流域に唯一残された6haの旧河川敷・止水域である. 両岸には, 狩野川の原風景であるエノキ, ムクノ

図4.17　「環境のバロメーター」の再生

図4.18　松毛川と狩野川の旧河川敷・河畔林（静岡県提供）

キ,ケヤキなど約1300本の樹木からなる河畔林が広がり,樹齢100年以上の巨木が130本以上も残存する,全国的にみても貴重なふるさとの森である（図4.18）.

　しかし,土地所有者の高齢化と農地・森林の管理放棄により,河畔林周辺は繁茂した放置竹林に覆われ,風雨や老木化による倒木や枯死も発生して,大切なふるさとの森が消滅の危機に瀕していた.

　そこでGW三島では,松毛川を「千年の森」と位置づけ,2003年から地域協

働による環境改善活動を実施してきた. これまでに河畔約 2.4 km に及ぶ竹林伐採や潜在自然植生の苗木 6300 本の植樹, 外来種ホテイアオイの駆逐, 2 t トラック数百台分以上のゴミの除去, 松毛三日月会などの地元愛護会の結成, 自然観察会の開催, 大学生の現場体験や企業の CSR 活動の場など SDGs 実践塾としての活用, 県による地域用水環境整備事業の導入・提案を進めて事業化を実現した.

活動への参加者は年間延べ 500 人にも及び, 経費は毎年 200 万円程度を助成金や補助金を活用して投入している. 現在, 地域用水環境整備事業が 2019 年に県営事業として採択され, 浚渫・環境整備工事が実施されることになった.

また, GW 三島による「松毛川千年の森づくりトラスト運動」により, 三島市側の河畔林約 3000 m² の土地買収も実現した. この 20 年近くにわたる, ノコギリとゴミ袋を持った地道な活動が, 松毛川の環境保全と景観形成, 地域環境と共存した森づくりへと着実に成果を蓄積してきている.

3) 境川・清住緑地再生活動

境川は, 三島市と駿東郡清水町の境を流れる一級河川である. 中流部の左岸に位置する境川・清住緑地は, 市街地の中にありながら豊かな樹林帯や多数の湧水地, 水田, 湿地が点在する約 8500 m² の谷地田である.

1995〜2000 年の間, GW 三島が境川遊水池の環境整備計画の調整・策定を担い, 原自然を活かしたビオトープを造成した. 完成後は, 境川・清住緑地愛護会が設立され, 市民主体の維持管理を担い, 原風景である低湿地の自然が保全・維持され, 多様な動植物が生息するとともに, 稲作体験など, 隣接の三島市立西小学校の環境教育園として年間 10 回以上も活用されている.

2015 年には, 南隣に位置する, 湧水を水源とする複数のコンクリート池が点在する養魚場跡地約 3000 m² を, GW 三島の提案と調整により, 民間企業から三島市が買収し, 新たな大ビオトープ, 湿地, 湧水地を造成した.

GW 三島は, 自然環境調査や計画案策定のワークショップ, ワンデイチャレンジなどを実施し, ミティゲーション (生態系の強化) 工法の実施, 市民主体の維持管理体制の構築を進めてきた. その結果, 2020 年 8 月に境川・清住緑地が拡大され, 富士山からの湧水が噴出する「水柱」が見学できる湧水公園が整備された. 公園内には自然水路や湿地, 湧水地が造成され, 現在, 移植したミシマバイカモが定着して白い花を可憐に水中で咲かせている.

d. 今後の展開

　今後，市内を流れる川沿いの空き家を活用した水辺の飲食店など憩いの空間形成とともに，白滝公園−桜川−御殿川−三島梅花藻の里−源兵衛川をつなぐ，新たな街歩きの回遊路を設定して「水の都・三島」の魅力の多彩化を図り，耕作放棄地の農地を活用した農業ビジネスへの取り組みを含め，三島のさらなる賑わい強化を進めて，環境資源を儲かる地域資源に活用した「湧水網都市」をさらに発展・強化していく.　　　　　　　　　　　　　　　　　　　〔渡辺豊博〕

4.6　湿地を活用した食糧の安定供給

4.6.1　収入源の多角化・高付加価値化へ向けたウガンダ農家の取り組み

a. ウガンダと湿地

　ウガンダで湿地といっても，一般の読者には馴染みがなく，そもそも「湿地があるのか？」，「なぜウガンダで湿地の管理か？」と疑問を抱かれるかもしれない.　しかし，ウガンダは，2005年にアフリカ大陸では初めてとなるラムサール条約締約国会議（COP9）を開催するなど，湿地保全では広く知られた存在である.　また，平均海抜1200mの高地にあり，一年中，初夏の軽井沢のような冷涼な気候であり，決して灼熱の乾燥地帯ではない.　全国土の約13％にあたる290万haが湿地に覆われ，約7000の湿地が全国に分布する.　ウガンダにとって，湿地は生物多様性保全において重要な役割を担うほか，国民に対して生活用水・食料などの供給，生計手段の提供，洪水被害の軽減など，多様な生態系サービスを提供している.　環境行政をつかさどる水・環境省には，全国の湿地管理を担う湿地管理局がおかれ，135ほどある県組織には，原則，湿地管理担当官が1名配置されている.

b. ウガンダ東部のナマタラ・ドーホ流域とアウォジャ流域

　国際協力機構（JICA）の支援を受け，ウガンダ水環境省が実施した「湿地管理プロジェクト」は，2012年から約5年間にわたって実施され，筆者らは，JICAとの契約のもと，この取り組みにコンサルタントとして参画する機会を得た.

　本プロジェクトでは，政府間の合意を経て，ウガンダ東部に位置するナマタラ・ドーホ流域とアウォジャ流域が対象として選定された.　ナマタラ・ドーホ

流域は，湿地が水稲生産に広く利用されていることが大きな特徴である．ナマタラ川は，ケニアとの国境にまたがるエルゴン山（標高 4321 m）に源を発し，急峻な斜面を西方流下し，標高 1200 m を境として一気に土砂が堆積した平坦な湿地域が展開する．上流の水辺域は，毎年，出水による撹乱の影響を受けるが，湿地が展開する中流域は，上流からの肥沃な土砂が堆積し，稲作に適した環境を提供する．1975 年頃に，大規模な灌漑施設が整備され，アジアにいると錯覚させるのに十分な稲穂が実る田園風景を楽しむことができる．そのさらに下流域は水深が深く，稲作には適さず現在もパピルスの植生がそのまま残されている．アウォジャ流域は，エルゴン山から北西へ流下する複数の中小河川から形成され，地形的には類似しているが，下流には，ラムサール条約湿地として登録されるオペタ湖とビシナ湖が位置している．流域は広大で，サバンナ様の地域もあり異質な生態系がモザイク状に分布し，より生物多様性に富んだ地域と位置づけることができる．

　本業務では，2 つの流域を対象に，流域全体の湿地管理計画を策定した．各流域は，約 10 の県にまたがり，各県の湿地管理担当官あるいは環境担当官が中心になり，資源の持続的な管理に向けた将来像・共通目標を，徹底した住民参加の手順を経ながら協議し，湿地保全に向けた活動の方向性を定めた．その後，県レベル，郡レベルの管理計画へと地方展開し，さらに住民の生計向上策の実施を試験的に導入する 9 カ所のパイロット村落を選定した．

c. 土地利用の課題と湿地を活用した地域開発

　ウガンダでは，国家環境法により水辺環境の保全が規定されている．河川，湖沼などの水域と陸域との境界から 30 m あるいは 100 m は，法令上，保全域とされ，全国一律に耕作などの活動は一切許可されていない．しかし，人口増加率は全国平均で 3.2%/年と著しく高く，特に農村部では，最低限の生計維持に農地の規模拡大は切迫した課題であり，農業に利用できる限りは水辺に至るまで耕作せざるを得ない．

　このような背景で，パイロット村落における活動では，法令の制約下で，水辺環境を活用して，いかに収入源の多角化と高付加価値化を図り，生計向上につなげるかを住民が中心となり検討した．

　まず，水辺近傍の土地は，水域からの距離に応じて保全ゾーンと規制ゾーンに分け，各土地類型の利用形式を協議した．保全ゾーンは，原則として 3 年後

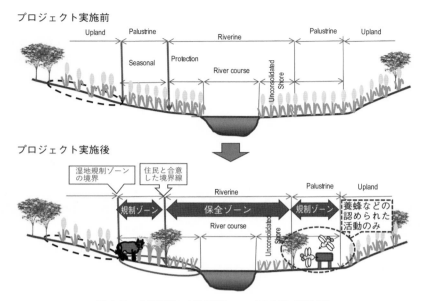

図 4.19　水辺近傍の土地利用についての合意（概念図）

には耕作を放棄し保全域とすること，一方，規制ゾーンは，養蜂などの許可された経済活動に限定して利用を認めることとした（図 4.19）．

　また，ラムサール登録湿地であるビシナ湖の漁業組合では，禁漁日を設け，幼魚ではなく十分に成長した魚を選択的に漁獲するように漁網の網目サイズについての取り決めを漁協ルールとして設定し，モニタリング体制の構築を支援した．このような各地域の合意は，県の湿地担当官が文書を作成し，県政府とコミュニティとの間で覚書として記録・署名した．さらに上述の漁協ルールを遵守する者に対して，住民からの提言に基づきプロジェクト予算から初期の活動資金を提供し，養蜂をはじめ幅広い生計向上策の実施支援を行った（表 4.1）．

　ただし，いずれの地域も，持続性を確保できるよう住民がすでに行っている経済活動を優先的に支援すること，規模の大きな投資に対しては財務的実行可能性を示すことを条件とした．一方，村落メンバー 1 名もしくは 2 名に対し，県の商務担当職員より経理管理に関わる実務的な研修機会を提供し，運営が持続的に行えるよう支援をした．

表 4.1 収入源の多角化・高付加価値化に関わる支援

活動	支援内容	収入源の多角化・高付加価値化への効果
養蜂	ストレーナー，糖度計などの収穫後処理に関わる簡易な機材を提供	出荷する蜂蜜の品質改善を図り，商品の軒先価格の向上により世帯収入を向上
園芸作物栽培	マーケティング活動の支援とともに，畑作用灌漑ポンプの購入を支援	年間を通じた収穫を可能にし，特に乾季の収量安定化により収入を向上
後継牛バンク	選定農家へ乳用種初妊牛を提供，獣医師による疾病対策と繁殖支援	生乳の生産と近隣市場への販売による収入向上
内水面養殖業	漁網等の資材の購入と軌道に乗るまでのランニングコストの一部を支援	エルゴン山西麓の隣接都市の市場へのアクセス改善と市場開拓
淡水漁業	モニタリング実施に必要な機材，漁網の買い替え資金を提供	沿岸域の産卵域の位置情報を地図に示し，住民に周知し保全を促進

d. 今後の課題

ウガンダの現実は厳しい．2013 年以降，人口増加率は常に年 3％を上回り[1]，25 年間で人口は 2 倍に増える勢いである．2013 年時点で全労働人口の 73.0％が農業セクターに依存し[2]，1 日 1.9 ドル以下で暮らす貧困層は人口の 41.7％を占めている[3]．現世代も，おそらく次世代も，農村部においては農業が貧困から脱出するための手段である．ウガンダにおいて貧困問題を解決するためには，政策の優先課題として湿地の活用に取り組むことが必要である． 〔村松康彦〕

引用文献

1) World Bank: Population growth (annual %) — Uganda.
   https://data.worldbank.org/indicator/SP.POP.GROW?locations=UG（参照 2022 年 4 月 14 日）
2) FAO: Country fact sheet on food and agriculture policy trends, September 2015.
   https://www.fao.org/3/i4915e/i4915e.pdf （参照 2022 年 4 月 14 日）
3) World Bank: Poverty & equity brief, Uganda, sub-Saharan Africa, April 2020.
   https://databank.worldbank.org/data/download/poverty/33EF03BB-9722-4AE2-ABC7-AA2972D68AFE/Global_POVEQ_UGA.pdf （参照 2022 年 4 月 14 日）

4.6.2 持続可能な漁業に向けた荒尾干潟

a. 荒尾干潟の概要

熊本県荒尾市の荒尾干潟（図 4.20）は，有明海の中央部東側に位置し，南北約 9.1 km，東西最大幅約 3.2 km，干潟面積が約 1656 ha で，単一の干潟では国内有数の規模を誇る．荒尾干潟には，流入する大きな河川はなく，有明海の潮

図4.20　荒尾干潟（荒尾市提供）

図4.21　荒尾干潟のシギ・チドリ（荒尾市提供）

流によって運ばれた砂や貝殻が堆積して干潟ができている．主に砂質の干潟であることから，歩いても沈み込むことはなく，同じ有明海でも佐賀県側の泥干潟とは性質が異なっている．

　有明海の干潟は，ゴカイ類，貝類，カニ類など，多くの生き物が生息しており，荒尾干潟では，それを餌にする渡り鳥の飛来数は国内有数であり（図4.21），国指定鳥獣保護区の中の特別保護地区に指定されていることから，2012年7月3日，国際的に重要な湿地としてラムサール条約湿地に登録された．また，2013年6月に東アジア・オーストラリア地域フライウェイパートナーシップに基づく，渡り性水鳥重要生息地ネットワークにも参加している．

b.　荒尾干潟における持続可能な漁業に向けた取り組み

1950 年代に養殖技術が確立された海苔の養殖やアサリ漁，毛筆をマジャク（正式名称アナジャコ）の巣に差し込んで行う有明海の伝統漁法であるマジャク漁が行われている．漁業協同組合においては，漂着物が増える梅雨時期や海苔の養殖が始まる前に，漂流物などが海苔網につかないように海岸清掃を行っている．現在は，アサリの保護に力を入れており，トラクターや人力による干潟の耕うん，覆砂をすることで水質や底質を改善している．また，被覆網の設置によるエイやカモの食害の調査，ラッセル袋を設置しアサリの稚貝の定着を促し，荒尾産のアサリの稚貝を育てるといった，持続可能な漁業に向けた取り組みを行っている．

c.　荒尾干潟保全・賢明利活用協議会における取り組み

2012 年 4 月に荒尾干潟や周辺地域の環境保全・再生および干潟に飛来する渡り鳥や干潟の生き物の保全ならびにワイズユースを行うことを目的に設立した．漁業協同組合，農業協同組合，観光協会，商工会議所，市民環境団体，自治会，日本野鳥の会，市，教育委員会などで協議会が構成され，年間を通じて様々なイベントなどを開催し，干潟の魅力，豊かさ，重要性について，学びにつなげている．

主な活動として，探鳥会・清掃活動は，会員団体の日本野鳥の会熊本県支部と共催で，渡り鳥を観察し，海岸の清掃活動により干潟の保全に取り組んでいる．

協議会の「干潟の生きもの観察会」は，荒尾干潟がラムサール条約湿地に登録された 7 月 3 日の「荒尾干潟の日」にあわせて，干潟に入り，生き物の観察・採集・同定を行い，干潟の大切さ，生物多様性の保全の啓発を図っている．

夏休み工作ワークショップは，荒尾干潟にある貝殻を活用したワークショップを夏休みの時期に開催している．参加者が海岸に行き，作品を飾り付ける貝殻を，自分たちで拾い，貝殻の名づけ会を実施し，様々な種類の貝殻が荒尾干潟に流れ着いていることを通して，荒尾干潟の豊かさを学習している．

このほか，テーラー乗車体験を実施している．テーラーは，耕うん機に荷台を付けたもので，漁業者が移動や漁具を運搬する際に使用している．このテーラーに乗って，干潮時の荒尾干潟を走る乗車体験とあわせて，干潟の美しい景色や海の香りを体験し，沖合まで移動する．沖合に到着したらテーラーを降り，

周辺を散策して，干潟の生き物や長靴越しに伝わる泥の感触，普段は見ることがない沖合から陸をみるなど，干潟の広大さ，楽しさを知る機会としている.

サンセットカフェ＆コンサートは，荒尾干潟の海岸を会場に地元で活躍する音楽家の演奏を聴きながら，干潟に沈む夕日の美しい風景を実感し，この風景を残したいという気持ちを育て，干潟の保全を図っている.

2月2日の「世界湿地の日」に関連した催しでは海苔の手すき体験として，細かく刻まれた生海苔を型に流し込み板状の海苔を手作りして，後日，自分たちが手すきした海苔を食べることで，昔ながらの海苔の製法の学習と干潟の恵みを堪能する機会としている.

d. 持続可能な漁業に向けて

荒尾干潟がラムサール条約湿地に登録されたことで，協議会の周知啓発活動が加わり広く市民に浸透し，荒尾干潟の保全およびワイズユース，生物多様性の保全などの意識の高揚が図られている.

ラムサール条約湿地に登録後，荒尾干潟を訪れる人の目的についても，生き物に関心がある人だけでなく，夕日などの風景を楽しむ，家族で海岸や干潟を散策するなど，訪れる人の目的が多様化しており，このような人々への保全およびワイズユースの周知啓発が有明海および干潟の保全・再生につながり，アサリの生育，海苔の養殖などに良好な影響を与え，持続可能な漁業の推進につながると考える．2019年8月には，学習施設として荒尾干潟水鳥・湿地センターが開館し，荒尾干潟の価値や魅力の発信のみでなく，ラムサール条約の基本理念の「保全」と「ワイズユース」を推進するため，「人」や「情報」が集まり，様々な活動の拠点となっている. 〔竹下将明〕

4.6.3 循環型有機農業のすすめ

a. 問題意識

日本の農業は，「土も病み・人も病む」と端的に表現でき，これらの状況が社会現象として現れて久しい．言い換えれば，農業の基本的生産手段である農地と，価値を生み出す本源である人間労働が危機に瀕しているのである．前者は耕作放棄地・遊休農地の増加，地力の低下など，後者は担い手の減少・高齢化などとして，それぞれ大きな問題ないし課題を投げかけている.

また，農業を取り巻く社会経済条件，自然条件も大きく変化し，強力なイン

パクトを投げかけている．以前からいわれてきた大気汚染，水質汚染などに加えて，地球温暖化がグローバルな焦眉の課題として私たちに迫ってきている．母なる大地をベースとする農業も避けて通れない大きな課題であり，「持続」の視点からも今日の農業を再考する必要があろう．

b. 近代化農業からの脱却

近代稲作は，多収穫品種の開発および密植，化学肥料の多投によって収穫量の増加を実現してきた．しかし，過度の密植と多肥栽培によって稲は不健康となり，病害虫の多発をもたらした．

病害虫防除の基本は化学農薬などに頼るのではなく，何よりも健康な苗を育て，生物相の豊かな土壌と適切な栽培密度によって健康な稲づくりを実現することである．そのためには，土着微生物の窒素供給力を活かし，成苗の疎植と生物の多様性を活かした病害虫防除により安定多収を実現し，環境と経済が両立する稲作技術を確立することが大切である．

そのために NPO 法人民間稲作研究所が開発した有機稲作の技術は，代かき（田植えの 30 日前，3 日前にドライブハローの高速回転によるトロトロ層を活用した雑草防除），種籾の温湯消毒（60℃の温湯に 7 分間浸漬），薄播き（1 箱当たり 80 g 以下），育苗（4.5 葉齢・草丈 18 cm の大苗が理想），疎植（1 本植えが理想），田植え後の肥培管理（7 cm 以上の深水管理，有機質資材の投入による抑草）などがあげられる．

また，生物の多様性を活かした防除法がある．田植え 30 日前の代かきはアカガエルの産卵を促進し，有機質肥料の投入で発生するイトミミズ，ユスリカがアミミドロや浮草を繁殖させ，コナギなどの強害雑草の伸長を抑制する．ユスリカはクモやオタマジャクシ，ヤゴなどの餌になり，これらは 7 月下旬から増加するカメムシなどの害虫を捕食し異常発生を抑制する．

c. 水田の利用率向上

日本における農地問題として，2 つ目に着目すべき点として耕地利用率の低下がある．1985 年は 117％と 100％を超えていたが 2000 年代に入り 100％を割ってしまい，2015 年は 95％にまで減少している．

ここでは耕地面積の大部分を占める水田利用について述べてみる．まず生産面として，田畑輪換による地力維持と雑草防除が期待される大豆に着目している．ヨーロッパの農業は輪栽式農業によって生産力が向上したわけだが，それ

はクローバー（マメ科牧草）の導入が大きく寄与している.

　大豆栽培に力点をおく理由は大豆作付け跡には根粒菌が残り，この細菌が固定する窒素化合物によって地力の向上のみならずコナギの発生を抑制する. また，大豆作付け跡では強害雑草であるコナギに加え，一度繁茂してしまうと抑草が困難であったオモダカやクログアイの発芽を抑えることを確認した. また，一般的にいわれているように，大豆の根に共生する根粒菌は，空気中の窒素を土壌中に固定するため，跡作物の窒素量を削減できる.

　あわせて，大豆は畑の肉とも称されるように栄養価が高く，味噌，醤油，豆腐，納豆などの加工食品は和食に欠かせない食材である. また油脂としても活用でき，その残渣は有機肥料の原料にもなる. 生産・消費の両側面において利用価値が高く，資材の有効利用による低コスト生産に結びつくとともに，米を主体とした日本の食文化の復権に欠かせない作物である. 加えて，日本の大豆自給率は数％で輸入に依存しているわけだが，その大部分が遺伝子組換の大豆であり，私たちの健康が脅かされていることも見逃せない視点である.

d.　持続的農業に向けて

　もう一つの課題である担い手問題について，その確保には有機農業技術の習得とあわせて有機農産物のマーケティングが重要となってくる. 2017年に当研究所が提案した「食のグローバル化に対峙する地域循環型有機農業自給圏」を

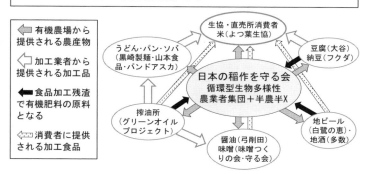

図4.22　地域循環型有機農業自給圏のモデル（稲葉光國（2017）：とちぎ有機農業自給圏の提案と栽培・加工技術，研究所通信，（17），NPO法人民間稲作研究所をもとに作成.）

紹介する（図4.22）．当研究所の有機栽培技術を用いた生産物を集荷販売する
（有）日本の稲作を守る会は有機栽培農家とゆるやかなネットワークを結び，地
域の加工業者と提携して味噌，醤油，植物油，パン，煎餅などの製造販売を行
ってきた．同時に加工工場で排出される残渣から有機質肥料を製造して会員農
家に還元する．この構想は単にモノの流れだけではなく，ヒトの流れ（交流・
学習）にも着目した（消費者との交流ではゴクロウネというネーミングの地域
通貨の導入を考えたが実現には至らなかった）．

e. 環境（大地）・作物（家畜）・人間の有機的結びつき

　環境保全型稲作の技術開発を核として，担い手育成や食文化までを包含した
総合的な活動方針を，2000年に法人化するにあたって作成した（図4.23）．20
数年前のものなので粗削りであるが，総合的な視点で食料，農業，農村を見つ
めるというその基本的な考え方に変わりはない．今日ないし未来を見据えたと
きには「水田生態系の回復」，あるいは「米の食文化の復権と健康」を活動の中
核に据える必要がある．技術開発はあくまで手段であり，母なる大地が健康に

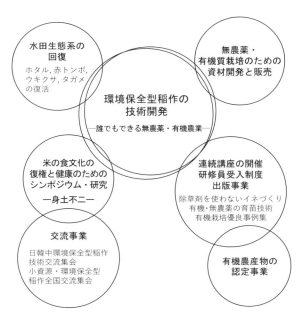

図4.23　民間稲作研究所の活動方針（NPO法人民間稲作研究所
(2020)：NPO法人民間稲作研究所20周年記念誌―過去に学び　今
を知り　未来を作る．）

なり，そこから産出される健康な農産物が私たち人間を健康にするからである．

〔稲葉光國・斎藤一治〕

［付記］小稿は，稲葉（2020年12月逝去）が生前執筆した論文や報告書などをベース
　　　　に，斎藤が加除修正して取りまとめたものである．したがって，文責は斎藤
　　　　にある．

参考文献

・稲葉光國（2016）：地域循環型の自給社会の形成をめざして，研究所通信，(16)，NPO法人
　民間稲作研究所．
・稲葉光國（2017）：とちぎ有機農業自給圏の提案と栽培・加工技術，研究所通信，(17)，NPO
　法人民間稲作研究所．
・稲葉光國（2019）：有機農業の稲作―生物の多様性を育む低コスト省力稲作・循環型有機農
　業の展望，農業と経済，**85**(11)，昭和堂．
・NPO法人民間稲作研究所（2020）：NPO法人民間稲作研究所20周年記念誌―過去に学び
　今を知り　未来を作る．

終章 水辺がつなぐ地域と地球

1 地域と地球のシームレスなつながり

　水辺（湿地）という身近な存在は，人やモノの動き，水・大気や生き物の動き，ひいては大地・時間・人の意思の動きをも介して地域全体から国全体に関わり，さらには国際社会そして地球につながることを，近年，私たちは実感し理解してきた．シリーズ〈水辺に暮らすSDGs〉はそのような視座から発案された．第1巻では地域と地球の双方から，また政策と活動の両面から多角的に水辺（湿地）を論じている．読んでいただくと水辺（湿地）を取り巻く世界がこんなにも広いことを改めて実感されるだろう．そしてそれらが多機能性(multifunction) を有し，グローバルとローカルがシームレスにつながっていることがわかる．まさしくSDGsの本質といえる．以下，第1巻の内容をキーワードに触れながら概観する．各節では多彩な専門家や第一線で活動を牽引してきた方々の最新の英知が個性的な言葉で解説・紹介されている．どの話題も創造性に富んだ物語が紡がれ，地域と人々への思いが込められていることを感じてほしい．なお本文にならって「水辺（湿地）」を「湿地」と表現する．

　第1章では主に国際的視点から湿地とSDGsについて解説している．湿地を対象とするラムサール条約における湿地の定義は広く，地理・地形・地質・気象そして人の作用と相まって，多様な湿地の形・恵み・人の関わりがあり，それぞれに応じた持続的な付き合い方があることを提示している．その核心といえるワイズユース（賢明な利用）とCEPAはまさにSDGsの理念を先取りしたものであり，同条約の戦略計画ではSDGsの関わりが明示されている．計画の目標ではこれ以上湿地を減らさないノー・ネット・ロス，ワイズユースを持続させ主流化する管理と行動，そして他の国際的取り組みとの連携の方向が示され，SDGsの共通の目標に向かっていることを表している．またSDGsの17の目標ごとに湿地との関係をわかりやすく解説し，様々な課題を内包し総合的な

取り組みが重要であることが示されている．他の環境条約とのインターリンケージは20年ほど前から模索されているが，昨今本格的な相乗りが始まりSDGs達成への大きなエンジンとなるだろう．特に気候変動枠組条約との関わりは重要で，例えば劣化した泥炭地の再生やブルーカーボン，都市における湿地機能の確保と活用などが鍵と見なされている．

　第2章ではラムサール条約と地域について事例を中心に論じている．「地域」の捉え方について，湿地とそれを取り巻く要素がすなわち地域であるとしている．つまり経済や社会をも含む生きた空間であり，自然に関わる個性やブランドを有するものといえる．2015年に採択され2018年から認証が開始された湿地自治体認証（2022年11月現在43都市が認証）を「点から面への登録」と表現していることは，湿地と地域づくりとの関わりがより強まることを言い当てているように感じる．

　この章ではラムサール条約への湿地登録に向けて登録基準と要件，手続きがわかりやすく解説されている．中でも合意形成は持続的な保全と利用に不可欠であり，国内と海外の事例は多くの関係者への粘り強い説明が欠かせないことを物語っている．次いで佐潟（新潟県）と東よか干潟（佐賀県）のラムサール登録湿地における保全活用計画の事例，湿地自治体認証の手続きと認証を受けた新潟市の事例が語られている．いずれもSDGsとの密接な関わりをもち，関係者の連携体制が有効に機能し，市民を巻き込んだプログラムを展開するなど地域社会に対して様々な恵みを引き出すことで，それが活力源となって地域づくりにつながっている．

　第2章ではさらに国内のラムサール登録湿地として様々な湿地タイプの7事例を紹介している．肥前鹿島干潟（佐賀県）では企業や金融機関と連携し，環境と経済を歯車のようにかみ合わせて回していく「鹿島モデル」を実践し保全と地域の活力を同時に成し遂げている．大山上池・下池（山形県）では地域の人々を巻き込んで休耕田の湿地再生，さらに外来種対策を「食べる」というユニークな方法で推し進めている．立山弥陀ヶ原・大日平（富山県）では火山や豪雪というダイナミックな自然の中で博物館と自然ガイドの役割が光る．琵琶湖（滋賀県）では何と言っても40年の歴史をもつ小学生を対象とした「びわ湖フローティングスクール」というフィールド教育が特筆される．蕪栗沼・周辺水田（宮城県）では水鳥による農作物被害を逆手に取り，ふゆみずたんぼを実

践し世界農業遺産認定に至る持続可能な地域を実現させている．円山川下流域・周辺水田（兵庫県）ではコウノトリを主人公として独自の環境保全型農業を編み出し，全国ブランドにまで押し上げて独自の地域づくりの実現に至っている．釧路湿原（北海道）におけるアイヌに学び湿地そのものを未来に継承する意思は SDGs を強く感じさせ，国際交流の舞台ともなっている．いずれも拠点施設と推進力となる「人」の力を実感する．

　第 3 章では湿地をめぐる国内外の政策的動向として，NbS（Nature-based Solutions：自然に根ざした解決策）をまず紹介している．これは自然を保全し生かすことで様々な社会課題を解決しようとする考え方で，個々の問題のみならず関連する課題を一つのアンブレラ（傘）のもとに捉えようとする概念であり，SDGs に向かう最も重要なキーワードの一つとしてわかりやすく解説されている．次いで日本での関連動向として，ラムサール条約の理念の変遷（水鳥から生物多様性，さらに多様な機能とサービスへ）に応じて，日本での登録地の選定について，日本の湿地の多様さが考慮されていることがわかる．そして国際開発事業における環境社会配慮では，事例を交えて近年の動向が解説され，理念の変革と進化のもと，バックキャストによる途上国の発展の道筋がうかがえる．

　第 4 章では湿地を活用した社会的課題の解決に向けた国内外の実践例をいくつかの社会科学的手法とともに紹介している．富山県で実施された多様な主体のコミュニケーションの試みでは，議論を可視化するグラフィックファシリテーションなどのユニークな手法が紹介されている．また湿地のもつ生態系サービスと多機能性の活用に関して 3 つの事例が語られている．耕作放棄水田を活用した NbS 事例（千葉県）では機能回復と管理活動を通じて地域内外の人々の社会的つながりや地域の活力に結びついている．湿地の効用を高める仕掛けづくりの拠り所として，社会科学的アプローチと分析手法を用いて環境教育の効果を把握する事例（宮城県，岡山県）と，中小河川の親水空間を整備活用することで地域コミュニティ形成に寄与することを分析した事例（岐阜県）が論じられている．

　さらにこの章では湿地を活用した防災・減災（Eco-DRR）について解説し，佐賀県での具体例が紹介されている．次いで湿地を活用した気候変動対策として，近年，炭素貯留効果が注目されているブルーカーボン，インドネシアの泥

炭地の再生，エルサルバドルの気候変動適応に向けた湿地ゾーニング計画を紹介し，良好な水辺環境づくりに関わる2つの話題，グリーンタイド問題と30年間の活動の歴史をもつグラウンドワーク三島による身近な湧水保全の事例を紹介している．そして最後に農業・漁業との関わりとして，ウガンダでの湿地管理プロジェクト，熊本県荒尾干潟での人の関わりを通して生き物の豊かさを育み漁業の持続性を実現している事例，環境創造型水田農業技術と地域循環型有機農業を紹介して締めくくっている．いずれも文化-食料-経済-生態系が湿地を通して密接につながり，SDGs を体現している取り組みであることが明らかである．

2 SDGs という複眼をもって水辺（湿地）と向き合う

　COVID-19 や国境を越えた紛争，そして現在国際社会が直面する難題が示したのは，生物多様性，脱炭素，廃棄物，食料，エネルギーといった諸問題がすべて互いに関係し合い，貧困や経済を含む生存に根本的に関わるということである．そしてそれが SDGs の目指す複合的視点であり本質といえる．このことは，従来対立しがちだった「自然と経済」，「自然と人間活動」との向き合い方に新たなフェーズを提供し，事あるごとに後回しとされがちだった「自然を守ること」の優先度の再考を促す．第1巻で紹介してきた様々な理念や仕組みそして実例は，水辺（湿地）のもつ生態系サービスと多機能性を活用することのポテンシャルの高さと実践への拠り所を示している．水辺（湿地）という空間は，持続的に保全し管理することで防災効果を高め，地域づくりに貢献し，他の環境問題の解決にもつながるなど，NbS やグリーンインフラと称されるとおり，まさに共有し共生すべき湿地インフラといえよう．

　そしてそこには SDGs と同じタテ，ヨコ，トキという3つの基軸が存在するのではないだろうか．「タテ」とは現場すなわち地域の視点である．地域は歴史，文化，経験，試行錯誤など様々な「知」が存在する源泉であり，実践と挑戦のバネを生み出す場である．地域の潜在力を多層的に引き出す政策と活動こそが重要であり，それが国，そして世界へと作用するエンジンとなるのではないだろうか．「ヨコ」とは連携と関係性である．ともすれば相反するステークホルダー（利害関係者）が目指すものを共有したときに飛躍的な創造性が生まれ，

図1　尾瀬ヶ原の美しい風景

それが前進への駆動力（driving force）になるだろう．「トキ（時間）」とは次の世代の世界を今からつくり始めることである．国際会議の場でユース・エンゲージメント，つまり次世代の主役たちの関わりが会議成否の鍵となりつつある．未来から今をバックキャストする能力を現世代は有しなければならない．

　この先，水辺（湿地）を取り巻く未来はどこへ向かって行くのだろうか．個々の水辺（湿地）に寄り添って難問を解決しようとする「タテ」の力，異なる国内制度や国際条約がつながって相乗的に価値を生み出す「ヨコ」の力，そして時間と向き合いながら粘り強く土地を再生し人を育てて行動を変容させていく「トキ」の力，水辺（湿地）の美しい風景（図1）を眺めつつそんな3つの力を信じたい．水辺（湿地）からみた SDGs は生態系サービスという私たちの生存と幸福そのものの問題であり，「共生」という鍵を水辺（湿地）が握っていると言っても過言ではないだろう．そのことを，本書を通して少しでも感じ取っていただければこの上ない喜びである．　　　　　　　〔高田雅之・朝岡幸彦〕

索　引